黑木耳高产栽培
示范基地

东北林富牌 1 号
黑木耳高产菌株

野外棚式立体吊袋
栽培黑木耳

野外大地开方式
栽培黑木耳

倒袋地膜栽培场

塑料膜上面盖遮阳网

最佳采收期八成熟黑木耳

采收黑木耳

出耳后的废料墙式
栽培高产平菇

出耳后的废料墙式
栽培高产榆黄蘑

出耳后的菌糠混合
栽培黑木耳

出耳后的废料棚式
滑子蘑菌盘培养

科协主席（中）检查树叶栽培黑木耳现场

作者简介

聂林富，男，1962年出生，汉族，黑龙江省林口县人，高级农艺师。自1982年以来，从事食用菌野生菌株分离、纯化、栽培、品种筛选、技术研究、科技培训与推广工作。

多年来，他首创的多项食用菌新技术，在国家级报刊发表300多篇。2003年12月被黑龙江省委宣传部、省人事厅、省农业委员会授予全省农村优秀人才，荣获一枚勋章。2004年被中国科协授予全国农村科普工作先进个人，2006年初被中国科协、财政部首批授予全国农村科普带头人并奖励专项科普资金伍万元。现为中国科协科普志愿服务团科普专家，中国农村奔小康专家服务团专家、中国农技协理事、黑龙江省科技报食用菌栽培指南专栏首席顾问、辽宁省阜新市委市政府农业科技顾问、四川省广安市广安区人民政府农业专家顾问、黑龙江省牡丹江市黑木耳协会会长、林口县食药用真菌研究会会长。他首创的食用菌新技术、优良菌种和科普下乡等事迹，多次在中央电视台，中央人民广播电台、人民日报、大众科技报及国家级出版社分别播出、发表及登载。

新农村建设致富典型示范丛书

黑木耳代料栽培致富

——黑龙江省林口县林口镇

聂林富　李焕芹　聂凤君　编著

金盾出版社

内 容 提 要

本书系新农村建设致富典型示范丛书之一。内容包括：典型事迹简介；黑木耳代料栽培新技术、黑木耳菌种制作、黑木耳高产优质栽培配套设施、优质黑木耳高产栽培管理新技术、黑木耳采收与加工技术、黑木耳病虫害防治、黑木耳栽培区出耳后废料（菌糠）再利用、黑木耳代料栽培疑难解答等。书中介绍的事迹真实感人，内容科学实用、通俗易懂、可操作性强，适合有志于食用菌致富的广大农民、广大菇农及专业技术人员阅读，还可作为职业技能培训教材。

图书在版编目(CIP)数据

黑木耳代料栽培致富：黑龙江省林口县林口镇/聂林富，李焕芹，聂凤君编著．—北京：金盾出版社，2007．6
（新农村建设致富典型示范丛书）
ISBN 978-7-5082-4597-3

Ⅰ．黑…　Ⅱ．①聂…②李…③聂…　Ⅲ．木耳-栽培-问答
Ⅳ．S646．6-44

中国版本图书馆 CIP 数据核字(2007)第 059458 号

金盾出版社出版、总发行
北京太平路 5 号（地铁万寿路站往南）
邮政编码：100036　电话：68214039　83219215
传真：68276683　网址：www.jdcbs.cn
彩色印刷：北京大天乐印刷有限公司
黑白印刷：北京金盾印刷厂
装订：永胜装订厂
各地新华书店经销
开本：787×1092 1/32　印张：6.25　彩页：4　字数：136 千字
2008 年 7 月第 1 版第 2 次印刷
印数：15001—25000 册　定价：10.00 元

前　言

黑木耳在日常副食品中，它是化纤、棉、麻、毛纺织、矿山等员工日常必备的保健食品，也是中医治疗多种疾病的常用配方药物，同时还是我国较大的出口创汇商品；其产量占世界总产量的96%以上，居世界之首；在国内农产品年总产值中，占有重要的地位，已成为农业经济中的一项重要产业。

随着科学技术的发展，袋栽黑木耳技术不断地完善成熟，加之近年对外贸易日益发展的需求，各地农民及下岗职工发展袋栽黑木耳的积极性空前高涨，使袋栽黑木耳产业得到了快速发展。随着我国"森林保护工程"的推进，传统的用段木、锯木屑做生产原料已远远满足不了今后黑木耳生产的需求，因此，发展黑木耳栽培原料必须转向山区满山遍野的落地阔叶树叶，农村的玉米芯、豆秸秆、芦苇、棉花秸秆、葵花秸秆、棉籽壳等原料，而且用上述原料栽培黑木耳，具有原料易得、成本低、栽培周期短、经济效益高的特点；同时，也保证了代料栽培黑木耳产业的持续发展。由此可见，大力推广代料栽培黑木耳新技术，是一项高效益的生财门路，也是当今农民及下岗职工脱贫致富最理想的短、平、快项目。

笔者从事食用菌野生菌株分离、纯化、品种筛选、栽培及研究工作20多年，其中，笔者发明的用树叶、玉米芯、豆秸秆、芦苇等原料代替木材，锯木屑栽培黑木耳技术、黑木耳菌袋拧结通氧封口技术、遮阳网交替式黑木耳栽培高产技术、林间开放式立体吊袋黑木耳高产技术、野外立体串袋栽培黑木耳高产技术、立体吊袋式菌丝培养技术等30多项新技术，已推广到全国20多个省、自治区、直辖市，深受各地食用菌栽培户的好评和认可。本书所介绍的黑木耳代料栽培新原料、新工艺、新方法、新技术、新菌种和经验，是笔者20多年来从事食用菌制种、栽培与推广的亲身实践，证明是切实可行，行之有效的新技术。其内容紧密结合实际，技术实用可靠，操作简单，一学就会，一用就灵，文字深入浅出，通俗易懂。愿本书成为广大黑木耳代料栽培者的良师益友。

笔者研发的各种食用菌栽培新技术、优良菌种和国家级大型科普下乡活动等事迹，多次在中央电视台、中央人民广播电台、人民日报、大众科技报、国家级出版社等新闻媒体播出、报道和出版。本书旨在实现笔者献身农村科普的诺言，促进代料栽培黑木耳新技术的普及推广，为建设社会主义新农村及下岗职工奔小康提供一条致富之路。

在编写过程中，笔者得到了中国科协、中国农技协、黑龙江省科协、牡丹江市科协、林口县科协及林口县各级领导的大力支持，还得到了我国著名的食用菌专家丁湖广同志的热情指导和审改，并参考了他编著的“中国黑木耳、银耳代料栽培与加工”一书，在此一并致谢！

由于编著时间仓促，加上笔者水平所限，书中不足之处在所难免，恳请广大读者和同行专家批评指正，以便今后进一步修改完善，为我国黑木耳事业的振兴，作出新的贡献。

聂林富

2006年12月于牡丹江

通讯地址：黑龙江省林口县食药用真菌研究会3-33号信箱
电话/传真：0453-3580031
电子邮箱：HLJLFJY@sina.com　HLJLFJY@126.com
网　　址：www.HLJLFJY.86114.cn
邮政编码：157600

目 录

一、农村奇才聂林富

一个地地道道的农民，用科技创造了自己绚丽多彩的人生。他自己研究创造的获得国家专利的六项黑木耳生产新技术，多项食用菌新技术荣获国际、国家行业优秀学术论文奖，该技术已在全国各地全面推广和应用。他的业绩受到县、市、省及国家有关部门的高度重视，他相继被20多个省、直辖市及国家有关单位聘为专家、顾问、研究员，60余次被省及国家等有关单位评为优秀科技人才，获得了全国科普惠农兴村工作先进个人、全国科普惠农兴对带头人等称号；他的事迹在人民日报、中央电视台、中央人民广播电台、大众科技报等几十家新闻媒体广为传播，为全国农业科技发展，农民致富作出了重大贡献，他就是黑龙江省牡丹江市黑木耳协会会长、林口县食药用真菌研究会会长——聂林富。

一个普普通通的农民，是怎样一步步地成为全国知名的农业科技专家？让我们沿着聂林富的成长道路，探索他成功的轨迹。

（一）回乡探索致富经

聂林富于1962年1月出生在黑龙江省林口县的一个农民家庭。1982年高中毕业后，便回到村里参加农业生产。他劳动积极肯干，思想活跃，有组织能力，群众威信很高，很快便被选为村团支部书记、民兵连连长。

当时，他看到农民靠种地为生，祖祖辈辈摆脱不了生活的贫困，他眼前的一切，使他很苦闷、悲观。他想到父辈们年年种地，年年贫穷，我就能这样踏着父辈的足迹继续在农村受穷一辈子吗？我是一个有文化的农民，能不能创造一条不靠种地为生的新型致富路呢？这个热血青年开始考虑人生的重大问题，面临人生的重大抉择，这就是怎样让自己致富，也让全村人致富。为了探索农民致富的道路，他苦思冥想，几个晚上睡不着觉，他发现附近有的农民利用山区丰富的林木资源，用段木种植黑木耳，经济效益很好，有的农民一年便达到万元户，成了致富能手。当时会制作木耳菌的极少，但种植段木的黑木耳菌种供不应求，价格较高。他看到许多农民也想种植木耳，都苦于买不到木耳菌，一个个发财致富的梦都破灭了。面对这个现实，许多农民都泄气了，只得把准备好的木耳段当柴烧。这时聂林富萌生一个大胆的想法：自己制作木耳菌。这样不但个人能致富，同时也能使更多农民致富。想到这，他浑身充满了力量，激动得夜不能寐，生命中充满了新的希望。他很快把这个想法告诉了父母，谁知父母不但不支持，还坚决反对。理由一是家里没钱，连学费都拿不出，更谈不上买设备了；二是做木耳菌种那是科研部门干的事，一个农民趁早别干这败家的事，别异想天开。父母反对，成为他最大的阻力，他没有充分理由说服父母，但他仍旧不死心，他要等待机会，创造条件，实施他的重大决策。1982 年冬，机会终于来了，父母回老家探亲。父母走后，聂林富立刻开始行动，他背着父母到亲朋好友家借来一些钱，离开家乡到外地寻师请教黑木耳菌的制作技术。经过一段时间的学习和实际培训后，满载着他致富的梦想和希望，又回到生他养他的山村。

（二）发明创造致富经

聂林富取经归来，信心十足，说干就干，立即筹备设备和原料，将理想转化为实际行动。他在学习期间，十分严谨，将制作木耳菌的工艺流程都做了详细的记录。制作时一丝不苟，严肃认真，当年冬季一次就尝试做了2 000余袋黑木耳栽培菌种，在发菌、成品率等方面都做到精益求精。因此，1个多月后菌种全部制作成功，完全达到标准，很快销售一空，纯收入3 000多元。父母探亲回来，见他制作木耳菌成功，而且挣了钱，十分高兴，完全相信他的能力，改变了态度，不但不反对，而且支持他制作木耳菌了。父母的支持给了他信心和力量，更加坚定了他走发展食用菌业之路的决心。

第一次制作木耳菌虽然获得成功，但由于资金有限，规模很小，效益也不大，为了把这项事业做大做强，在父母的支持下，他开始大干起来，增加投资，增加设备。1983年他从外地引进了黑木耳和蘑菇菌种，由于他当时经验不足，引进的品种转代次数过多，菌种严重退化，菌种萌发率较低，严重的干脆不出芽、不出菇，结果一下就损失2万多元。这下群众说什么的都有，有人冷嘲热讽，说兔子能驾辕要马干啥，农民能研究木耳菌要科学家干啥。也有好心人劝他，趁早改邪归正吧！咱农民天生就是种地的料，别整歪门邪道了，免得倾家荡产。

但是，聂林富生就有个不服输的脾气，他不但没有灰心，反而更加坚定信心。因为他从这次失败的教训中，找出了新的经验，明白了一个道理，那就是菌种质量好与坏，直接影响到食用菌的产量、质量，关系着栽培的成败和经济效益。他经过反复思考，又萌生了自己研究生产食用菌母种的想法。他是个敢想敢干的人，有了想法就下定决心，接着便付诸行动，他先后又投资7万多元，购进了大、中、小型高压灭菌锅、母种恒温培养箱、菌种保藏箱、高倍显微镜、天平和制种所需的仪器及设备，开始了自己分离母种的试验。但是，连续多次试验都失败了，但他仍不灰心，他深知在科学的道路上是没有平坦的道路可走的，不会一帆风顺，只有在崎岖的道路上不断攀登，勇往直前才有希望登上科学的高峰。

为了把母种分离成功，他不分白天黑夜，坐在试验室里分析研究，常常废寝忘食，有时达到疯狂的程度，凭着他的才智和勤奋，功夫不负有心人，经过1年多无数次的反复研究试验，终于获得了母种分离的成功。他把分离成功的黑木耳母种又通过多次的反复栽培试验后，筛选出产量高，抗杂菌能力强的菌种，受到木耳种植户的欢迎。几年来，他制作的菌种在附近乡镇十分畅销，不但得到了可观的经济效益，也使许多农民走上致富路。随着时间的推移，他的制种经验的传播途径越来越宽，他制作的菌种影响越来越大。

聂林富在食用菌研究上，取得了一定的成就，但他越研究越觉得自己知识不够，经验不多。于是，他决定继续深造，多次分别参加了中国农村专业技术函授大学食用菌专业，济南军区军医学院食用菌专业培训，并获得了技师资格。

木段栽培木耳的大力推广，有效地推动了木耳的发展，也使更多的农民致富。但是，聂林富在实践中感觉到，木段栽培方法虽好，但费工费时，而且需要大量木材，浪费林业资源。他便不断探索节约木材的方法。这时，他受到用锯木屑代料栽培平菇、猴头菇等食用菌的启发，便产生了用木屑代替木段袋栽木耳的想法。他参考了大量相关资料，利用剩余的黑木耳栽培种，通过消毒后割口放在果树下试验。开始，他靠天然雨水湿度栽培，结果很长时间才从割口处长出几个很不整齐的黑木耳，效果不理想。经过他仔细研究，仅靠天然雨水空气湿度达不到要求，黑木耳生长速度缓慢，时间一长容易孳生杂菌，产量极低。他又经过无数次试验，并不断实践和革新，逐步完善了栽培技术，形成了一整套多种方法袋栽黑木耳栽培新技术，获得了成功。使用这套新技术，不但黑木耳高产，而且木耳质量优良。

随着“森林保护工程”的推进，袋栽黑木耳数量的快速发展。使用锯木屑制作黑木耳栽培原料也满足不了栽培户的需求，因为木屑原料也严重缺乏，栽培户需要到外市、县高价购进木屑，增加了栽培户的生产成本，降低了效益，还使很多栽培户无法解决制菌原料。聂林富看到这个情况十分着急，他是个永远不满足现状的人，他又在考虑怎样解决食用菌栽培原料问题。又经过他反复试验和刻苦攻关，用山区树林的树叶，农作物的玉米芯、豆秸秆、芦苇等粉碎做食用菌栽培原料，经过几年的不懈努力，终于获得成功。这项栽培黑木耳新技术，不但比木段、木屑产量高，而且成本低，经济效益好，这些原料广泛，取之不尽，用之不竭，真正解决了食用菌原料不足的后顾之忧，为食用菌的发展开辟了广阔的前景。

在这里应该特别提到的是聂林富的妻子，林口县食药用真菌研究会秘书长李焕芹。有个哲人说过：一个成功的男人背后必定站着一个坚强的女人。聂林富也是这样，对于他的成功，他毫不掩饰地说：“军功章有我的一半，也有她的一半。”每次聂林富试验失败时，妻子李焕芹从不埋怨他，从来都是安慰他、鼓励他，给他信心，给他力量。晚上聂林富常常工作到深夜，有时通宵达旦，她经常和他一起试验，一起分析研究各种数据，一起分担痛苦、共享快乐。有一次，聂林富在试验用树叶栽培木耳菌时，连续有三天三夜没睡觉，妻子也一直陪伴着他。这天早晨聂林富又累又困一下晕倒，他起来后又继续做试验，妻子硬是把他拉到床上，逼他休息，而她却坚持替他继续搞试验，观察和记录各项数据。聂林富醒来，看到这些数据很高兴，虽然这次试验没有成功，但得到一些重要数据，他又根据这次试验的结果进一步改进了配方，终于获得成功。提起这个发明创造，他总是不能忘记妻子的帮助。

聂林富还说，他的弟弟聂林岐也功不可没。弟弟是他得力的助手，他身体好，又能干，脑瓜活，每次试验他跑前跑后，日夜相伴，得心应手，哪项试验他都一起参与、同甘共苦。在用玉米芯试验栽培黑木耳菌时，就是聂林岐的建议。他看到家家农户都有成堆的玉米芯，都把它当柴烧，觉得十分可惜。他便买回一些玉米芯建议聂林富做试验。他们一起动手，一起操作，经过多次的反复配方调整和栽培试验，终于获得成功。

聂林富越研究越进入一个自由的世界，一项项科研成果脱颖而出。其中他发明的黑木耳代料栽培由传统的每年只能栽培一潮，改进为每年可栽培 2～3 潮的新成果，既增产又增效；“立体吊袋菌丝培养”新技术，使料袋在菌丝培养期间，上部的料袋与底部的料袋菌丝生长均匀一致，避免了传统的菌架养菌，浪费木材，空间利用率低，投资大，而且，菌丝培养时，上层部位的料袋菌丝生长快，下层部位的料袋菌丝生长慢，还需上下层料袋调换位置的繁杂过程，使菌种成品率达到 98% 以上，大大降低了生产成本。“立体串袋栽培黑木耳”新技术，这项技术将传统的每 667 平方米土地栽培黑木耳 1 万袋改进为 3 万袋，极大地降低了成本，增加了栽培者的经济效益。“菌袋拧结通氧封口”新技术，该封口技术因不需用颈圈、棉塞和无棉盖体等原材料，既节省资金又减少人工套颈圈、塞棉塞或无棉盖体等繁杂操作过程。蒸锅灭菌时袋口朝下，100%的避免了传统封口蒸锅时棉塞、海绵片潮湿和袋内进水造成报废。一般每制种万袋可直接节省资金500～800元，节省人工60%以上，提高产量15%，菌种成品率达98%以上。改变了传统的费钱、费工、杂菌感染率较高的老封口方法；"废旧树叶栽培黑木耳及食用菌"高产新技术，最大特点是原料来源丰富，取之不尽，凡是阔叶林区一年四季均可收集；成本低、产量高、效益好。每袋树叶粉碎后成本仅4～5元，而购买锯木屑每袋需12.5～14元。使每个16.5厘米×33厘米的菌袋提高产量15%，降低成本0.18元。每制菌万袋仅树叶原料可节省资金1 800元左右，增收4 500元左右，节省木材11立方米。该"废旧树叶栽培黑木耳及食用菌"高产新技术，不仅增产增收，还降低了栽培者的成本，提高了他们的经济效益，更重要的是保护了森林资源，改善了生态环境，解决了各地食用菌原料不足的后顾之忧。

现在，由于聂林富不断研究，刻苦攻关，已研发出食用菌栽培新技术30多项，优质食用菌新品种达20多种。其中食用菌新品种通过品种评审鉴定，以他的名字命名的东北林富牌系列食用菌品种，已通过国家商标局登记注册。

聂林富发明的"菌袋拧结通氧封口"新技术、"废旧树叶栽培黑木耳及食用菌"高产新技术、"立体串袋栽培黑木耳"新技术及"立体吊袋菌丝培养"等新技术均属国内、外首创，先后荣获国家、国际行业优秀学术论文一、二、三等奖。

（三）全县推广致富经

聂林富成功了，他先后被多家食用菌厂聘为技术厂长和技术顾问等职务。但他想，虽然自己富了，可是大多数农民还很贫困，他深知贫困的滋味，他要把这一整套食用菌技术推广出去，让更多农民及下岗职工通过食用菌栽培发家致富。为此，他辞退了多家食用菌厂的职务，全身心地做起推广食用菌技术的事业。

开始，聂林富以个人的名义开办培训班，向来自全县愿意学习栽培黑木耳的农民及下岗职工详细传授技术。他办班讲课十分认真，把他掌握的知识及实践经验都毫无保留地传授给大家，使他们很快掌握了食用菌制种和栽培技术，使许多农民及下岗职工学完后，通过食用菌栽培已快速脱贫致富。有的农民在栽培中遇到困难，他就亲自登门手把手地进行指导，凡是经他培训和指导的栽培户都成功了。

但是，要求学习食用菌栽培和指导食用菌生产的人越来越多，靠他个人的力量满足不了大家的需求。1996 年，在林口县委、县政府的支持下，他创建了林口县食药用真菌研究会和食药用真菌推广中心。这个组织的建立，使聂林富如鱼得水，他本着“打绿色品牌，走特色路，为发展壮大食药用真菌产业服好务”的宗旨，积极响应县委、县政府关于做大做强食用菌产业的号召，在县科协的直接领导下，用多种形式大力推广食药用菌栽培新技术，并积极开展科技扶贫活动，利用他发明创造的食用菌栽培新技术与广大农民、下岗职工广结良缘，将这项科学技术转化为农民和下岗职工增收致富的好项目，深受社会各界和广大种植户的好评。他们通过科普之冬、科普大集、科普流动课堂、科技培训等多种形式，大力开展科普活动，大力普及推广食用菌新品种、新技术，还经常深入到栽培户家中指导。自研究会成立以来，他们与全县黑木耳和蘑菇种植户结成科技帮扶对子1.6万余户，代料栽培黑木耳7亿多袋，生产优质黑木耳3.5万吨，仅此一项就为农民增收14亿多元。他还免费为农民和下岗职工发放科学技术资料10万多份，提供实用性信息1.5万多条。义务为栽培户进行传授、函授达2万多人，免费为贫困户发放菌种25 000多支，折合人民币20万余元。

林口县奎山乡余庆村村民赵春发，在聂林富的帮助和指导下，自1999年至今，每年栽培黑木耳10万～20万袋，年产优质干木耳5～10吨，纯收入达15万～22万元，一下成为当地有名的科技致富示范带头人。该村也由他一家栽培发展到全村40多户栽培食用菌，都不同程度地富了起来。

林口县林口镇东关村特困户张文志，患有多种疾病，妻子长年有病，年纯收入不足千元，在聂林富的帮助指导下，从2000年至今，一直种植木耳、蘑菇等，平均年纯收入达10 000元以上。林口县隆源公司特种耐火材料厂2000年在聂林富的帮助指导下，一年生产袋栽黑木耳8万多袋，产值19万多元，为该公司剩余劳动力再就业提供了新的出路。林口县古城林业局四道和柴河林业局双桥林场在聂林富的帮助指导下，1 200多户职工种植了黑木耳，他们利用聂林富发明的“菌袋拧结通氧封口”新技术，制菌种近1 300多万袋，仅此一项每年节省资金近100万元。

林口县食药用真菌研究会从成立以来，一直以技术为纽带，围绕“农业、农村、农民”开展“产前、产中、产后”系列化社会服务，加速了食用菌科技成果的普及、示范和推广，促进了农业产业结构的优化，推动了农村经济规模化、产业化、现代化的发展，增加了农民的收入，提高了广大农民的素质，为我国农村经济发展和社会全面进步，作出了重大贡献。特别是研究会作为农民自愿结合的群众团体，以其特殊地位和作用，为各级党政部门开展农村工作开创了新平台，密切了党群关系，推动了农村精神文明建设，成为党政部门联系群众的一条新的渠道。在市场经济条件下，开展农村工作，发展农村经济，单靠行政手段去指导去管理是不行的，而研究会在这方面却起到了行政方式起不到的作用，研究会对农民、对会员有较强的凝聚力和号召力，是农民发展市场经济、参与市场竞争，获得更好效益的依托和靠山。聂林富在与各级党政组织的往来中，经常代表会员牵线搭桥，反映会员的呼声、意见和要求，同时，把党和政府的有关政策、法规等贯彻给会员，引导农民合法致富。他还带动群众掀起了学科学、用科学的热潮，破除封建迷信和愚昧落后的思想，提高了群众的文明程度。

聂林富在加大扶持栽培户，加大研究推广新技术的同时，积极开拓市场，大力宣传产品，为栽培户解决销售问题。他经常通过报纸、电视等新闻媒体，大力宣传食用菌产品。1990年和 2001 年，林口县黑木耳及滑子蘑等产品销路不畅，他就在中央电视台等多家媒体连续播发食用菌销售信息，使外地客商纷纷到林口县购买产品，不但使积压的产品找到销路，也开辟了新的市场，为今后发展食用菌打下了坚实的基础。

2004 年起，聂林富当选为林口县政协委员、常委，这给聂林富插上了腾飞的翅膀，他同县委、县政府、县政协、林口县质量技术监督局及有关科技人员一起深入林口县各个乡镇，一是把食用菌新技术在全县进行一次全面大普及、大提高，进一步推动全县食用菌产品的发展；二是对全县食用菌栽培户进行深入调查，了解他们在生产中存在的困难和需要解决的问题，提出一个切实可行的解决办法；三是积极想办法在全县建立一个综合的食用菌加工销售大市场，做到产销结合。

总之，聂林富当选为县政协常委后，对全县的食用菌事业更加充满信心，更加雄心勃勃，他要利用政协组织联系广的优势，广交朋友，同兄弟县建立广泛密切的联系，进一步加大本县食用菌新技术的培训力度，使林口县食用菌产业稳定持久地发展。

（四）全国传送致富经

聂林富从事野生食用菌菌株分离、栽培与研究 20 多年，发明创造了 30 多项新技术，培育的优质食用菌品种 20 余种，不但使他所在的林口县受益，也使全国各地栽培户受益。他立足林口县，走向全市、全省、全国。使他首创的食用菌技术和优良菌种真正地为各地更多的农民及下岗职工找到一条快捷的致富之路。

林口县食药用真菌研究会成立 10 多年来，他就同全国 20 个省、4 个自治区、4 个直辖市建立了密切的联系。在全国各地共举办食用菌新技术培训班 1 200 多期。培训食用菌技术骨干 6.8 万人。从 2003 年以来，该研究会先后在黑龙江、辽宁、吉林、甘肃、安徽、山东、宁夏、四川、云南、内蒙古等地建立食用菌示范户 4 万多户，建立示范基地 100 余处，累计袋栽黑木耳 10 亿余袋，仅此一项使栽培产值达 21 亿元以上。其中仅废旧树叶代料栽培高产黑木耳及食用菌新技术一项，就每年为国家节省木材 500 万立方米，栽培户增收上亿元。菌袋拧结通氧封口新技术，每年为全国各地栽培者节省资金

1.2亿元以上，节省人工60%，产生了巨大的经济效益和社会效益。

林口县的食用菌生产技术在聂林富的带动下，得到很快推广和普及，食用菌事业的发展前景越来越好。但聂林富并不满足，他又琢磨一个新问题：创建牡丹江市黑木耳协会。经过他的努力，在牡丹江市科协及市民政局的大力支持下，2003年牡丹江黑木耳协会正式挂牌成立，聂林富当选为会长。

聂林富深深懂得，协会是农民自己的合作组织，协会的产生和发展，意味着个体农民向合作制农民组织的转化，这是生产关系的重大变革。协会作为科普服务的组织，应面向农村和农民普及科学知识，弘扬科学精神，传播科学思想和科学方法，促进农村的产业结构调整，任务十分重大 。他本着实际、实用、实效的原则，经常深入到牡丹江市所属的海林市、宁安市、东宁县、绥芬河市等食用菌栽培生产区，采取"农民点菜，协会搭台，专家掌勺"的培训模式，开展科普之冬、科普大集等活动。他依据协会的优势，围绕农业产业结构调整和农民急需的农业技术和各县上报的培训内容，制订了活动方案，保证了科学技术普及的有序开展。在每次培训前，他都根据培训内容精心准备，课堂上认真讲解，耐心解答农民提出的各种疑难问题；课后他深入到栽培者家中，面对面进行帮助指导，解决他们在生产中遇到的难题。所到之处，农民及下岗职工赞不绝口，有的说"聂会长真是服务到家了，真是为我们解决了实际的问题"。他在各市、县讲课时，还免费为各地农民、下岗职工发放食用菌技术资料10万多份，免费为各地贫困户发放菌种5 000余支，折合人民币4万多元。

目前，聂林富发明的新技术和新方法在牡丹江地区食用菌栽培户中广泛利用，由于他发明的菌种优良、技术先进，使许多县、乡、村成为食用菌一品村、一品乡、一品县，带动了全市食用菌发展，起到了科技致富示范作用。

聂林富还经常深入到各市、县进行调研，找出制约食用菌产业发展存在的问题，针对这些实际问题，在林口县质量技术监督局的指导下，他主笔起草了《无公害黑木耳栽培技术规程》和《滑子菇栽培技术规程》，并由牡丹江市质量技术监督局2004年发布实施。地方农业标准化的出台，使栽培者在制种、栽培管理等方面有了依据，从而达到了丰产稳产的目的，带动了牡丹江地区食用菌产业的快速发展，使该地区每年栽培黑木耳及菇类数量达7.5亿袋(盘)，超过粮食总产值。牡丹江地区的黑木耳产量已占全省的60%，占全国总产量的20%～30%。

黑龙江省牡丹江市东村黑木耳栽培户赵金大，在聂林富的帮助指导下，2005年生产代料栽培黑木耳40万袋，产优质干木耳18吨，仅此一项纯收入达40余万元，当年种植，当年致富。黑龙江省海林市柴河林场退休工人李永泰夫妇，在聂林富的帮助指导下，自1995年以来，每年栽培黑木耳近3万袋，年年丰产丰收，年产值达到6万多元。由于他的成功，带动了他所在的林场390多名职工栽种黑木耳，每年数量达到400多万袋，仅此一项全场栽培户纯收入就达500多万元，使黑木耳栽培成为该林场的支柱产业。

聂林富发明的利用废旧树叶做原料栽培黑木耳的高产技术在黑龙江省农村报发表后，受到了副省长申立国的高度重视并作了批示，让孙吴县委组织人员到林口县参观学习，亲自请教聂林富，他毫无保留地把废旧树叶栽培黑木耳的高产技术做了详细介绍。孙吴县学习后，立即成立专门机构，在全县大力推广，取得显著效果。

多年来，聂林富还与海林市、东宁县等黑木耳和滑子蘑栽培户结成科技扶贫对子2.6万多户，仅春、秋袋栽黑木耳一项落实种植户2.4万户，代料栽培黑木耳11亿多袋，产优质黑木耳1万吨，仅此一项纯收入13亿余元。落实平菇、滑子蘑、元蘑、猴头蘑等品种5 000余万袋（盘），产优质鲜菇2.5万吨，纯收入达1.3亿元以上。

自2002年以来，聂林富连续参加了中央文明办、中国科协、铁道部、国家民委、全国妇联等单位举办的“科普列车西部行”、“全国百名科技大王进阜新”、“百名科技大王进广安”、“科技大王进边陲云南孔雀之乡——德宏”、“科技致富大王进仪陇”、“两牵手一扶持”等国家级大型科技下乡活动，在全国各地传授食用菌栽培新技术和举办致富报告会，所到之处都受到各地政府及食用菌栽培者的一致好评。

中共中央政治局委员、全国人大常委会副委员长王兆国在中国科协上报的《关于全国百名科技大王进阜新科技下乡活动情况的报告》上批示：“科协组织的百名科技大王进阜新是科协在落实党中央、国务院把阜新作为枯竭矿山转型式工作的重要举措，……科技大王的奉献精神可贵，应很好地宣传和鼓励。”

承载着党中央的委托，西部人民的厚望和科技工作者拳拳奉献之心“科普列车”西部行，为西部科技开发，作出了重大贡献。据《人民日报》记者报道：“科普列车西部行”行到内蒙古自治区鄂尔多斯市达拉特旗时，这些科技致富的专家们举办多场技术报告会，聂林富通过介绍自己的生产经验和发明创造的各项食用菌生产新技术，使广大群众深受启发，对他有针对性的讲解，群众报以热烈的掌声。有很多栽培者现场提出一些他们在食用菌制种及栽培过程中出现的各种疑难问题，由于这些问题都是他在实践中经常遇到并且早已解决的问题，他都一个个当场解答，解决了当地农民多年来存在的技术难题。每场报告会后，他还挤出时间与食用菌栽培者详细交谈，了解情况，根据当地的各种环境，现场进行有针对性的讲解。一位叫解永明的老乡，栽培蘑菇已有3年了，可是在栽培蘑菇的过程中，坎坎坷坷，遇到许多他难以解决的问题，导致蘑菇产量不高，质量也一般，令他一筹莫展。聂林富听后，毫无保留地一一做了解答，并告诉他要坚定信心，按照他的方法继续干下去，一定会成功。解永明一下子开了窍，找到了问题的症结，拿到了破解难题的金钥匙。第二年聂林富了解到解永明不但坚持干了下去，而且还增强了信心，扩大了生产，蘑菇栽培获得了大丰收。

另据《人民铁道》报记者报道："科普列车"西部行，在甘肃省天水市甘谷县十里铺乡，黑龙江省林口县食药用真菌研究会会长聂林富，为当地200多位科技人员和种植户举行了科技报告会，会后狄家村的农民赵文谦拉着聂林富到了自家的种植棚……专家聂林富毫无保留地将一份培养料配方送给了赵文谦，并给他做了详细指导，保证降低成本一半，产量翻一翻。

聂林富研究发明的食用菌优良菌种，栽培新技术及参加大型科普下乡活动等，多次被中央电视台1、2、7、10套，中央人民广播电台（中国之声、中国农村报道）、人民日报、大众科技报、黑龙江电视台、黑龙江科技报、黑龙江农村报、黑龙江经济报、金盾出版社、中国农业出版社、科技文献出版社、黑龙江人民出版社等多家新闻媒体分别播出，发表和出版。

聂林富靠自学成才，现在已经获得高级农艺师职称。他的社会职务很多，除了现任黑龙江省牡丹江市黑木耳协会会长、林口县食药用真菌研究会会长外、还兼任林口县政协常委、林口县科协常委、牡丹江市食用菌品种登记委员会专家委员、牡丹江市专家协会农林专业委员会专家委员、牡丹江科协委员、黑龙江省科技报《食用菌栽培指南》专栏首席顾问、辽宁省阜新市委、市政府农业科技顾问、四川省广安市广安区人民政府农业专家顾问、中国科协科普志愿服务团科普专家、中国农村奔小康专家服务团专家、中国农村专业技术协会理事、中国食用菌协会会员、中国管理科学研究院学术委员会特约研究员等多职。

由于聂林富在食用菌科技生产方面的出色成就，多年来他获得国家、省、市、县级多项荣誉和奖励。其中，2002 年荣获中央文明办、中国科协、铁道部三部委颁发的“科普列车西部行活动作出突出贡献”证书；2003 年 12 月荣获黑龙江省委宣传部、省人事厅、省农业委员会授予的“全省农村优秀人才”称号并颁发了勋章；2000 年，2004 年分别荣获黑龙江省科协第十二届、十六届“科普之冬先进个人（播种奖）”；2004 年 10 月荣获“全国农村科普工作先进个人”；2006 年 1 月被中共牡丹江市委、市政府授予“十佳农民专业合作经济组织”称号；2006 年 4 月被共青团牡丹江市委员会、牡丹江市青年联合会授予“牡丹江市青年科技创新创业奖”；2006 年 12 月荣获中国科协、财政部首批“全国科普惠农兴村带头人”称号并奖励了科普专项资金；2006 年 12 月，聂林富领导的林口县食药用真菌研究会还被中国农村专业技术协会授予“全国科普示范基地”等 60 余项称号和奖励。

聂林富，农民中的奇才，中国农民的骄傲。

现在，聂林富仍不满足现状，他还有一个更加宏伟的目标和愿望，就是认真总结经验，多写几本科技、科普理论专著。

在本书出版后，再编著东北特产品种元蘑代料栽培高产新技术、榛蘑（蜜环菌）代料栽培高产新技术等专著，目的就是要把发展前景看好并且经济效益高的食用菌新品种、新技术，让更多的农民及下岗职工所掌握，推动我国食用菌事业的发展。

二、黑木耳代料栽培新技术

(一)概　述

1. 经济价值

黑木耳学名 *Auricularia auricula*(L. ex Hook.)Underm. 商品名木耳、细木耳、光木耳、黑耳子、黑菜、云耳等。因其侧生于树木上,形似人耳而故名。黑木耳在分类学上属于菌物界,真菌门担子菌亚门,层菌纲,木耳目,木耳科,木耳属。黑木耳是我国著名的特产山珍,具有肉质滑嫩和独特的清新而鲜美的味道。它是化纤、棉、麻、毛纺织、矿山、微机操作等员工必备保健和防辐射食品;是中医治疗多种疾病的常用配方药物;同时也是我国较大的出口创汇商品。其产量占世界总产量的96%以上,居世界之首。它远销日本、菲律宾、泰国、西欧、印度尼西亚、北美以及我国的港、澳地区,在国际市场上久负盛名。

随着科学技术的不断发展,近年来,医药学界研究结果表明,黑木耳产品具有食、药兼用效果。它具有滋养、养胃、止血、止痛、润燥、补血、吸附排毒、通便、抗血小板凝集、降低胆固醇、防辐射等功效。它能预防心脑血管病,缓和冠状动脉粥样硬化等疾病,还能使人体内的脂褐素形成速度减缓,起到抗衰老的作用。

以前人们摄入的蛋白质和脂肪均以动物类为主,因而高血压、冠心病增多。随着人民的生活水平不断提高,对身体保健质量的要求也越来越高。作为黑木耳产品完全适宜人们的保健需求，因此，更引起国内外消费者对食用黑木耳的高度重视和厚爱。

2. 代料栽培必须转向新资源

我国黑木耳栽培历史悠久，长期以来人们靠采用段木来栽培黑木耳。随着各地段木栽培黑木耳产业步伐的加快，东北及全国各地黑木耳及食用菌主要生产区，从过去的林海茫茫，到如今各地林区的阔叶树资源已十分贫乏。随着科学技术的不断发展，加之各地段木原料的缺乏，由传统的段木栽培黑木耳，已转向利用锯木屑为主原料来栽培黑木耳及其他食用菌。随着市场经济的深入发展，各地农民及下岗职工发展袋栽黑木耳的积极性空前高涨，使袋栽黑木耳产业得到了快速发展。黑木耳产业的蓬勃发展，已成为我国各地农民、林业及城镇下岗职工快速致富的一项短、平、快支柱产业。

长期以来，全国各地袋栽黑木耳主要原料，靠木材粉碎的锯木屑或加工木材剩余的锯木屑。目前，袋栽黑木耳主产区已经出现资源危机，锯木屑原料供不应求，而且价格一涨再涨，使各地栽培户的经济效益大幅度降低。袋栽黑木耳一般每生产 1 万袋（规格：16.5 厘米×33 厘米的菌袋）黑木耳栽培种，需用干锯木屑 5 600 千克，而每立方米木材可加工干锯木屑 500 千克。因此，每制作 1 万袋栽培种就得用掉 11 立方米木材。如黑龙江省林口县、东宁县及尚志市是黑木耳栽培主产区，每年袋栽黑木耳 8 亿～10 亿袋，需用掉 88 万～110 万立方米木材，这是多么巨大的数字，如全国各地黑木耳及食用菌栽培主产区按照这样的速度发展，青山变秃山指日可待。随着森林保护工程的推进，国家限制林木采伐后，又缺乏栽培原料，黑木耳产业就无法正常发展，将严重影响各地农村、林区工人及城镇下岗职工的经济发展和消费者需求。

今后菌材矛盾更加突出，要解决食用菌生产资源持久化，除了营造速生菌材林之外，根本的出路就是必须转向林区落地的废旧阔叶树叶、果树剪枝剩余物，芦苇、沙棘果加工后的剩余物，农村的玉米芯、豆秸秆、稻草、棉籽壳、甘蔗渣等原料来代料栽培黑木耳。因此，全面推广代料栽培黑木耳，不但完全解决了食用菌生产原料不足的后顾之忧，而且代料栽培黑木耳及食用菌将成为振兴中华菌业的一项长远大计。

3. 代料栽培发展前景

一项科技成果的好坏，取决于能否尽快转化为生产力。代料栽培黑木耳符合我国农村和林区的实际，原料来源容易，管理方便，不论农村农民、林区工人、城镇下岗职工均可进行不同规模的生产。目前，代料栽培黑木耳可以实行机械化操作，提高劳动生产率，有条件的还可进行工厂化生产，因此代料栽培黑木耳潜力很大，很容易被人们所接受。如黑龙江省林口县和东宁县，每年有4万余户农民、林区工人及下岗职工靠代料栽培黑木耳为主导产业，仅两县每年可生产5亿袋黑木耳栽培种，收干木耳2.1万吨，纯收入6.5亿元以上。2005年，黑龙江省牡丹江地区仅代料栽培黑木耳一项达到7.35亿袋，产值16亿元（粮豆总产值15.3亿元），纯收入达12.325亿元。占全国黑木耳总产量的20%，占黑龙江省的60%。

我国有很多的边远贫困山区，生产食用菌的原材料十分丰富，他们守着丰富的资源却生财无路，如果他们通过当地的资源优势去发展代料栽培黑木耳及食用菌产业，既增加了收入，也可以改变经济落后的状况，能尽快使他们早日脱贫致富。代料栽培黑木耳既可庭院栽培，也可为城市及乡镇企业进行工厂化生产，是技术密集型、劳动密集型的新兴产业。它可以大量安置城镇下岗职工、待业青年、林区工人和农村闲散劳动力，创造再就业致富门路，培养自食其力，向科技要财富的新时代劳动者。

随着代料栽培黑木耳的快速发展，使农民和下岗职工快速达到小康的同时，也带动了生产食用菌所需要的机械设备、产品深加工包装等产业，促进了工业的发展和再就业；外贸、商业、销售服务行业等均随之运转分享其利。中国加入世贸组织(WTO)后，可以享受其现有的134个成员国无歧视贸易待遇。这为我国代料栽培黑木耳产品，能够更加畅通无阻地打进世界各国市场，提供了难得的机遇。

目前，我国各地虽然代料栽培黑木耳发展速度之快，数量之大，令人惊叹，但是产品出口数量连续下降。其原因是各地栽培者在生产管理技术等方面还普遍停留在传统的栽培模式上，产量起伏不定，产品质量普遍较差，60%以上达不到出口标准。为了使我国栽培的黑木耳产品和国际市场接轨，在生产工艺管理技术、产品加工等方面，必须在现有的栽培基础上快速改革，使成本降低、栽培稳定丰收，提高产品出口质量标准。再通过深加工，生产出黑木耳类快餐、饮料、蜜饯、多糖、胶囊、注射剂等，转变增值方式，稳定代料栽培黑木耳产品的销路，确保代料栽培黑木耳的持续发展。

综上所述，大力推广代料栽培黑木耳，无论从眼前还是从长远看，其意义都十分重大。它是一项利国利民的开发性科技产业，也是时代赋予食用菌科技工作者开创新局面的重任，是食用菌发展的必然趋势。所以，它越来越引起人们的高度重视，并在栽培技术上不断改革创新，开创速生高产新途径，为市场提供更多更优质的黑木耳产品，使我国黑木耳产业沿着健康道路发展。

(二)代料栽培的经济效益

1. 综合开发变废为宝

全国各地农村每年剩余的农作物秸秆、林区育林间伐小杂木、落地枝丫及树叶等都是栽培黑木耳的好原料。如山区的阔叶树叶、落地的树枝丫,农作物的玉米芯、豆秸秆、棉籽壳、稻草、葵花秆以及甘蔗渣等。开发新的代料栽培黑木耳是一种“变废为宝的再创造工程”。近年来,我国科研部门对代料栽培黑木耳的研究取得显著成绩。黑龙江省牡丹江市黑木耳协会、林口县食药用真菌研究会课题组,多年来,努力钻研、刻苦攻关,于1997年利用林区满山遍野落地的阔叶树叶来代替锯木屑等原料,代料栽培黑木耳及食用菌喜获成功。这一新技术的研发,产生了巨大的经济效益和社会效益,开发前景广阔。该技术得到了黑龙江省申立国副省长的高度重视并作了重要批示和推广。目前,树叶代料栽培黑木耳新技术已在全国各地林区逐渐推广,栽培户达1万余户。在林口县、东宁县、牡丹江市以及省内外每年栽培1亿余袋,年产干木耳6 000吨,产值3亿元,栽培户纯收入2.5亿元。该技术具有成本低、产量高、栽培周期短、原料易得,取之不尽,用之不竭,凡是阔叶林区一年四季均可收集,一般每制1万袋栽培种(规格:16.5厘米×33厘米的菌袋)比用锯木屑原料直接节省资金1 800元,增收4 500元,节省木材11立方米。该技术最大优点就是用树叶取代了木材,促进了林业的发展,而且栽培后的废料是农村、林区取暖的好燃料,也是农林业较好的肥料,它所产生的生态效益是无法估算的。因此,大力推广代料栽培黑木耳及食用菌新技术，不但节省了木材，也保护了国家森林资源，同时解决了食用菌生产原料不足的后顾之忧。

2. 代料栽培生产周期短，转化率高，效益好

代料栽培黑木耳每年可栽培 2～3 潮，不受栽培场所的限制。它可利用普通庭院、大地、野外林间，通过立体串袋、大地地摆、林间立体吊袋等多种方式。并按照黑木耳生物学特性及生态条件的需要，人工合理配制培养料，通过科学栽培管理，改变其生长发育条件，使其创造出高产优质、高效益。

(1)生产周期短 传统的段木栽培黑木耳，春季接种，秋季才能见到少量耳芽，一般产耳周期需 3 年结束。而采用代料栽培黑木耳，1 年可连续栽培 2～3 潮，从接种至出耳通常只需 60～80 天。以阔叶树叶粉、枝丫末加豆秸秆粉等为原料，代料栽培黑木耳整个周期只需 65～90 天即可采收结束。一年四季多次生产，大大缩短了生产周期，提高了出品率。

(2)生物效率高 段木栽培一般每 50 千克木材，只能采收 0.5 千克黑木耳干品。而代料栽培黑木耳每 50 千克阔叶树叶粉、枝丫锯末或玉米芯粉等原料，可采收干木耳 3～4 千克，最高产的可超过 7 千克；单产比段木栽培黑木耳分别提高 8 倍和 14 倍以上。黑龙江省林口县每年利用枝丫锯末加豆秸秆粉为原料代料栽培黑木耳 3 亿袋，平均每 50 千克枝丫锯末加豆秸秆粉原料产干黑木耳 4.55 千克。黑龙江省牡丹江市黑木耳协会、林口县食药用真菌研究会课题组，以阔叶树叶粉为原料代料栽培黑木耳，每 50 千克阔叶树叶粉产鲜木耳 75 千克，生物转化率为 150%。

(3)经济效益好 黑龙江省牡丹江市黑木耳协会、林口县食药用真菌研究会课题组研发的立体串袋栽培黑木耳，每 667 平方米可立体串袋栽培 3 万袋，收干木耳 1 425 吨，纯收入4.7万元。辽宁省凤城县专业户张金东，2004年代料栽培黑木耳2万袋，采收干木耳800千克，创收4万元。黑龙江省林口县龙爪镇合发村华子玲，利用野外挂袋栽培黑木耳，120平方米挂袋1.5万袋，投资6 000元，获利2.1万元。黑龙江省柴河林业局双桥林场退休老职工李永泰，利用林区空间每年地摆栽培黑木耳2万～3万袋，仅此一项年纯收入2.8万～4.2万元。黑龙江省牡丹江市东村黑木耳栽培大户王金大，2005年，利用枝丫锯末加豆秸秆粉为原料，代料栽培黑木耳40万袋，产干木耳1.8吨，平均每袋产干耳45克，产值72万元。代料栽培黑木耳，其成本一般占产值的30%，纯利占产值70%左右。因而，代料栽培黑木耳是一项高效益的生产项目。

（三）黑木耳代料栽培生物学特征

1. 黑木耳代料栽培形态特征

黑木耳的形态由菌丝体和胶状子实体两部分组成。

(1)菌丝体 黑木耳菌丝无色透明，由许多有横隔和分支的绒毛状菌丝组成。它是黑木耳分解和摄取耳木养分的营养器官。子实体为繁殖器官，也是食用的部分。子实体初生时，呈小米粒状、黑色，逐渐长成叶片或朵状，许多耳片联在一起呈单片分支状或菊花状。

(2)子实体 子实体新鲜时为半透明，胶质，富有弹性，直径一般为5～10厘米，最大可达25厘米以上，干燥后急剧收缩成角质，硬而脆。子实体分背、腹两面。背面凸起有筋纹，呈暗青灰色，密生柔软短绒毛。腹面下凹，表面平滑黑色有亮感。腹面有子实层，长有担孢子。在显微镜下观察，担孢子呈肾形，大小为 9～14 微米×5～6 微米，无色透明。如果子实体采收过晚，晒干后，体积剧烈收缩，许多担孢子聚集在一起，像白面粉附在它的腹面且重量减轻。干木耳吸水膨胀后，仍会恢复其原来新鲜时的状态（图 2-1）。

图 2-1　黑 木 耳

2. 黑木耳代料栽培生活史

黑木耳属于异宗结合二极性的菌类。子实体成熟时，产生大量的担子。担子有横隔，由 4 个横列的细胞组成。每个细胞侧向上伸出 1 个小梗，顶端形成担孢子。担孢子具有"＋"、"－"不同性别。在 4 个担子孢子中，有 2 个"＋"，2 个"－"。担孢子在适宜条件下萌发，形成单核菌丝（即初生菌丝）。初生菌丝很快产生分隔，分成多个单核细胞。当"＋"和"－"两条亲和单核菌丝进行核配后，产生双核化的次生菌丝（即双核菌丝）。次生菌丝的每一个细胞都含有两个不同性的核。双核菌丝通过锁状联合，使分裂的两个子细胞都含有与母细胞同样的双核。次生菌丝吸收培养基中的营养和水分，增殖形成大量菌丝，并交错缠绕，密集构成肉眼可见的白色绒毛，即为菌丝体。

菌丝体生长发育到生理成熟，即转入生殖生长，开始形成原基，逐渐胶质化发育成子实体。成熟的子实体，在其腹面产生棒状的担子，担子上又生成担孢子弹射出来，完成其一代生命活动。这就构成黑木耳的生活史。

3. 黑木耳代料栽培生长发育对环境条件的要求

黑木耳生长发育要求有一定的环境条件。要速生高产，就必须熟悉和掌握它的生理条件，努力创造适宜的环境，避免不利条件。黑木耳生活条件主要是营养、温度、湿度、光照、空气、酸碱度(pH 值)和时间等。

(1)营养 黑木耳是一种腐生性很强的木材朽腐菌，属异养型生物。它没有叶绿素，不能利用阳光进行光合作用合成养料，而只能从枯死的树木和基质中获得营养。黑木耳所需的营养物质，主要有以下 4 要素。

①碳源 碳源来自有机物，如葡萄糖、蔗糖、淀粉、纤维素、半纤维素、木质素等。在常见的碳源中，葡萄糖等小分子化合物，可以直接被菌丝吸收利用，而纤维素、半纤维素、木质素、淀粉等大分子化合物不能被菌丝直接吸收，必须由菌丝分泌出的酶将其分解成小分子化合物后，才能吸收利用。因此，富含纤维素、木质素的阔叶树叶粉、玉米芯、棉籽壳、豆秸秆、枝丫粉碎的木屑、甘蔗渣等，都是很好的培养料，能供给菌丝生长发育所需要的碳源。

②氮源 蛋白质、氨基酸、铵(氨)盐和硝酸盐等均可作为黑木耳的氮源。其中，氨基酸、铵(氨)盐和硝酸钾等能被菌丝体直接吸收。蛋白质是一种高分子化合物，必须经过蛋白酶分解成氨基酸后才能被吸收利用。适宜的碳、氮比为 20～

30∶1,如果氮源不足会影响黑木耳菌丝生长。但是黑木耳栽培种配料时氮源千万不能过高,否则在菌丝培养和割口育耳期间易出耳晚、杂菌污染率高。用树叶、豆秸秆、玉米芯、枝丫粉碎的屑、棉籽壳等培养料栽培黑木耳时,适当添加一些含氮较多的玉米粉、黄豆粉或米糠,可以促进菌丝生长,缩短出耳期,提高产量。

③无机盐　无机盐中磷、钾、钙、镁等元素是黑木耳生长发育不可缺少的营养物质,其中,磷、钾、钙最为重要。磷对黑木耳菌丝的生长发育、核酸的形成、能量的代谢都具有重要作用,没有磷,就不能很好地利用碳和氮。钾参与细胞组成、营养物质吸收、呼吸作用与生理活动。钙可以促进菌丝生长及子实体的形成,还有中和酸性、稳定培养基 pH 值的作用,人工代料栽培黑木耳配料中,添加石膏粉就是这个道理。此外,黑木耳生长还需要铜、铁、锰、钴等微量元素,这些微量元素在普通水中的含量已能满足黑木耳生长发育的需要。

④维生素　黑木耳生长发育还需要各种维生素。维生素是必不可少而需要量又极微量的特殊营养物质,在玉米粉、马铃薯、麦麸、米糠中含有较多的维生素。

(2)温度　黑木耳属于中温型菌类,它对温度反应敏感,耐寒怕热。温度过高,生长发育太快,菌丝体徒长,易衰老,子实体色淡肉薄,连续高温、高湿时还常出现大量流耳、烂耳及杂菌污染等现象。如果温度比正常生长范围稍低些,则菌丝健壮,子实体肉厚肥大,质量好,产量高。

(3)水分和湿度　黑木耳不同的发育阶段对水分的要求也不同。菌丝生长发育阶段,需要水分较少,主要由培养基提供,培养基的含水量(原种)以 60%为宜;栽培种含水量以 57%为宜。子实体发育阶段,则要求有较高的湿度,育耳期间空气相对湿度以85％为宜，此期原基形成快而整齐。子实体生长期间空气相对湿度以95％为宜，此时，子实体生长发育最快，开片快，耳片厚大；原基形成期间空气相对湿度低于80％以下时，水分不足，原基形成慢和育芽不齐。随着湿度的降低，原基形成也逐渐减少。子实体生长到中后期如果连续湿度过大，通风不良、缺氧而抑制其生长，很容易使子实体霉烂。子实体生长发育的理想条件就是干干湿湿不断交替，这样可促进子实体健康生长，也是防止杂菌污染和流耳、烂耳的有效措施。

(4)光照　黑木耳菌丝生长阶段不需要光照，因为菌丝喜欢在较暗的环境中生长。光照如果太强，菌丝生长受到抑制，并很容易形成原基，影响菌种质量及产量。菌丝长满培养袋后，在出耳前则应加强光照，以诱导原基的形成和分化。子实体发育阶段需要一定的光照。光照强，子实体健壮肥厚，呈黑褐色；若光照不足，子实体则会变成淡褐色。根据各地气温和日照长度的不同，栽培时应选择好栽培季节。

(5)空气　黑木耳属好气性真菌。在生长发育过程中，要求培养室空气新鲜，并不断排除过多的二氧化碳和其他有害气体，以满足黑木耳新陈代谢对氧气的需求，菌丝健壮生长。出耳期间，通风换气良好，可防止黑木耳霉烂和杂菌蔓延。

(6)酸碱度　即pH值。在代料栽培黑木耳拌料时，众多栽培户不注意酸碱度的调节。制种时，由于酸碱度不适合、不能稳定而出现大量杂菌、死菌甚至导致失败。黑木耳是喜微酸性的环境生活，其生活基质的适宜pH值以5～6.5为宜。人工栽培时，培养基的pH值应比实际需要适当提高。因培养基经过灭菌后，pH值会自然下降。另外，在菌丝生长和栽培过程中，由于新陈代谢产生有机酸，也会自然使培养基的

pH 值下降。因此，在实际配料中应把 pH 值提高至 7～7.5，在这样的酸碱度条件下，制作菌种及栽培期间不易污染杂菌，使菌种成品率提高到 98%以上。

(7)时间 笔者认为，时间直接关系到代料栽培黑木耳的成败、产量的高低、产品质量的优劣。因此，代料栽培黑木耳在制种、灭菌、菌袋割口、栽培管理等期间必须掌握好准确的时间，才能达到丰产、稳产。反之，如制种季节、菌袋割口季节、栽培季节等安排不合适或过晚，都可能造成菌种成品率降低，菌袋割口处出现大量杂菌污染，栽培期间大量出现流耳、烂耳、耳片极薄并在耳片上弹射孢子形成白色菌丝，影响产品的质量和销售价格，甚至造成大面积减产或绝产等现象，给栽培者造成不可挽回的重大经济损失。因此，时间这一因素在代料栽培黑木耳这门技术中，占有重要的地位。

三、黑木耳菌种制作

(一)黑木耳代料栽培原、辅料及菌种的选择

1. 原料选择及黑木耳代料栽培所需的原材料

(1)原料选择　适宜黑木耳代料栽培的原料很多,但不同的原料其产量不一。笔者根据多年栽培并反复试验总结,黑木耳代料栽培产量较高的原料有,柞栎树、桦树落地的树叶(要求:原料陈旧、腐熟均可;加工粉碎时,要求越细越好)、玉米芯(要求:原料新鲜,无霉变。加工粉碎至绿豆粒大小)、棉籽壳、黄豆秸秆(要求:原料新鲜,无霉变;需加工粉碎)、芦苇(加工粉碎)、柞栎、栓皮栎、核桃楸、白桦、枫桦、黑桦等枝丫粉碎的屑。

(2)黑木耳代料栽培所需原料数量

①以树叶粉、玉米芯或棉籽壳为主料栽培用于生产原料为例　每制作1万袋(菌袋规格16.5厘米×33厘米)黑木耳栽培种,需用干树叶粉100袋(每袋50千克),玉米芯或棉籽壳40袋(每袋50千克),玉米粉140千克,黄豆粉70千克,石膏粉35千克,石灰粉49千克;栽培袋10 500个(16.5厘米×33厘米,厚0.4～0.5毫米的高密度低压聚乙烯折角菌袋);立体串袋形式出耳需薄塑料膜15千克;遮阳网(遮阳度以85%为宜,网宽以2.5米为宜)需长150米;韩国产微喷管200米。

②以枝丫粉碎的屑为主料栽培用生产原料为例　每制作1万袋(菌袋规格16.5厘米×33厘米)黑木耳栽培种,需用干

屑115袋(每袋40千克),豆秸秆粉或棉籽壳25袋(每袋40千克),玉米粉130千克,黄豆粉65千克,石膏粉32.5千克,石灰粉45.5千克;栽培袋10 500个(16.5厘米×33厘米,厚0.4～0.5毫米的高密度低压聚乙烯折角菌袋);立体吊袋形式出耳需搭建120平方米的简易遮阳网或草帘大棚;还需吊带、绑绳等其他一些生产所用物资。

2. 培养基中常用的辅助原料

辅助营养料简称辅料,它包括黑木耳代料培养基中一部分配合的原料。如玉米粉、黄豆粉、食糖、石膏粉、石灰粉、碳酸钙及微量元素。

(1)玉米粉　玉米粉因品种与产地不同,其营养成分有差异。一般玉米粉中,含有粗蛋白质9.6%,粗脂肪5.6%,粗纤维3.9%,可溶性碳水化合物69.6%,粗灰分1%。尤其是维生素B_2含量高于其他谷物。在培养基中加入2%的玉米粉,增加碳素营养源,增强菌丝活力,能显著提高黑木耳的总产量。

(2)麦麸　常用于代料栽培中一种辅助营养料,用量占配方的10%～15%。麦麸含有粗蛋白质11.4%,粗脂肪4.8%,粗纤维8.8%,钙0.15%,磷0.62%。目前,市场出售的麦麸以粗皮、红皮较为理想。

(3)黄豆粉　黑木耳代料栽培配方中常加入1%的黄豆粉。黄豆粉含有粗蛋白质36.6%,粗脂肪14%,粗纤维3.9%,可溶性碳水化合物28.9%,粗灰分4.2%,钙0.18%,磷0.4%。

(4)石灰粉　化学名称CaO,溶解于水中即变成$Ca(OH)_2$,使溶液的pH值提高。黑木耳代料栽培配方中常加入0.7%的石灰粉,使培养基呈偏碱性。黑木耳培养基通过灭菌、菌丝发酵过程产生了有机酸，使 pH 值随之下降。此时培养好的黑木耳栽培袋，可有效地保持黑木耳生长发育时所需要的最佳 pH 值，出耳势足，减少杂菌污染率。

(5)蔗糖 蔗糖是培养料中的有机碳源之一，有利于菌丝恢复生长。原种配方中常加入 1%的蔗糖。由于菌丝在接种过程中受到破坏，接入料中后还没有分解和吸收基料养分的能力，需要一定时间的恢复。而恢复后的菌丝生命活动虽很旺盛，但在分泌胞外酶方面还不很活跃，菌丝侵入基料需要很强的侵腐能力，急需消耗大量的能量来满足生长需要，此时唯有糖(单糖、双糖)最容易被吸收利用。此外，菌丝吸收糖后，又可激活胞内一些酶的活性，使生长更加迅速旺盛。如果缺糖，而又没有其他可以取代糖的物质时，势必影响菌丝生长。但在培养基中，糖的比例不能过高。否则，由于基料内水分的溶质含量过高，使菌丝细胞外的水势低于细胞内的水势，致使菌丝细胞的水分外溢，则不利于菌丝的新陈代谢活动，使菌丝形成纤弱状态，易出现杂菌污染等现象。生产上常用白糖或红砂糖等。

(6)石膏粉 石膏粉即硫酸钙。弱酸性，在培养基配方中的用量为 0.5%～1%，可提供钙素、硫素；它起调节酸碱度的作用，不使其过碱。市场上常见的石膏粉为食用、医用、工业用和普通建筑农用等 4 种。代料栽培黑木耳配方中选用普通建筑农用石膏粉即可，因其不含其他成分，价格便宜，生熟均可。要求细度为 80～100 目。石膏粉纯度感光测定，色白，在阳光下观察有闪光发亮的即可。有的石膏粉纯度不高，色灰或粉红，无光亮，则不适用。

3. 黑木耳菌种的选择

黑木耳菌种质量的优劣，直接关系到代料栽培黑木耳产量的高低、产品质量的优劣、成功与失败。为了使代料栽培黑木耳达到丰产和稳产，代料栽培选用的菌种必须是适应性广、抗逆性强、菌丝生长快、较耐高温、耐大水浇、抗杂菌能力强、耳根小、出耳齐、开片快、子实体阴阳面层次分明（东北林富牌1～6号黑木耳菌种具备以上优点）。多年来，在全国各地黑木耳主产区，受到栽培户的一致好评，是适合代料栽培的速生、高产、优质及国内外产品销售市场所需求的优良菌株。为了更好地掌握菌种质量，下面介绍一下黑木耳菌种质量的要求。

第一，无论是母种或原种均应菌种纯正，菌丝洁白呈绒毛状、菌丝生长整齐而短、无杂菌和可疑现象。

第二，母种菌丝培养时间（菌丝全部长满试管斜面培养基）应在12～15天，培养基不萎缩，棉塞无杂菌污染。原种菌丝培养时间（菌丝全部长满料袋、瓶）应在45～60天，培养基与袋（瓶）壁紧贴，菌袋（瓶）内壁附有少量白色水珠为新鲜菌种。

第三，菌种富有弹性，上下、内外一致，菌袋（瓶）壁或表面有浅褐色胶质物或少量的黑木耳原基。

第四，木屑菌种表面均长有菌丝，已看不到木屑，挖出时成块而不松散。

第五，黑木耳菌种拔掉棉塞可闻到该菌种的清香气，无霉味，无腥臭味。凡是母种已被杂菌污染或菌种块已干涸收缩，或原种菌袋（瓶）底部积有黄褐色液体的老化菌种，应一律弃去不用。

（二）原种（二级菌种）制作技术

1. 原种的科学配方

配方一　废旧阔叶树叶粉30千克，玉米芯或棉籽壳（玉米芯应粉碎至绿豆粒大小)、豆秸秆粉 10 千克,玉米粉 2.5 千克,黄豆粉 1 千克,石膏粉 0.5 千克,红糖 0.5 千克,水分 60%,pH 值 5.5～6.5 。

配方二 玉米芯(粉碎至绿豆粒大小)32.5 千克,豆秸秆粉 7.5 千克,玉米粉 2.5 千克,石膏粉 0.5 千克,石灰粉 0.15 千克,维生素 B_1 50 片(每片含量 10 毫克),水分 60%,pH 值 6～7。

配方三 玉米大糁子 40 千克,木屑或棉籽壳 0.5 千克,石膏粉 0.5 千克,水分 60%,pH 值 5.5～6.5 。特别注意:在制作玉米糁子菌种时,应使玉米糁子内部浸泡或煮至无白心为宜,即把玉米糁子浸泡或煮透,但不能煮开花。

配方四 玉米粒 40 千克(选用无霉变的陈玉米粒为最佳),石膏粉 0.5 千克,水分 60%,pH 值 6～7 。

特别注意:玉米粒用 0.3%的石灰水浸泡或煮至无白心时为宜。

配方五 葵花秆或阔叶树小细枝丫条 40 千克(枝条长以 18 厘米为宜,枝条粗细以直径 0.6～1 厘米为宜)。详细制作过程参见“培养基的配制方法”中“短枝条配制方法”。

配方六 棉籽壳 25 千克,阔叶树叶粉 15 千克,石膏粉 0.5 千克,水分 60%,pH 值 5.5～6.5 。

配方七 枝丫粉碎屑 32.5 千克,豆秸秆 7.5 千克,玉米粉 2.5 千克,黄豆粉 1 千克,石膏粉 0.5 千克,红糖 0.5 千克,水分 60%,pH 值 5.5～6.5 。

配方八 芦苇粉 30 千克,玉米芯(粉碎至绿豆粒大小)10 千克,玉米粉 2.5 千克,黄豆粉 1 千克,磷酸二氢钾 50 克,石膏粉 0.5 千克,红糖 0.5 千克,水分 60%,pH 值 5.5～6.5 。

2. 培养基的制作方法

(1)树叶培养基的配制方法 首先称取所需数量的干玉米芯粉碎原料，提前 8～10 小时摊放在水泥地面上，用喷壶往玉米芯培养料上面浇清水拌料，使玉米芯原料吃透水分后备用(配方中加豆秸秆粉或棉籽壳不需提前加水闷堆)。之后再称取所需数量的干树叶粉摊放在水泥地面上，把玉米芯、豆秸秆、棉籽壳等放入树叶粉中拌匀后，再把玉米粉、黄豆粉等均匀地撒在树叶粉上面，继续混合拌匀。然后把石膏粉、红糖等用清水分别溶化后均匀地泼在干料上，要求随拌料随泼水，培养料湿料拌匀后，用每平方厘米 1 个孔的铁丝筛筛湿料 2～3 遍，使湿料无块更均匀，含水量达到 60%为宜，即双手用力搓料，手掌面有光泽湿润感而不能有存水为宜。黑木耳喜微酸性的环境生活，其生活基质的 pH 值以5～6.5 为宜。又因各地水质不一样，pH 值偏碱或偏酸，应先用标准 pH 值试纸查出准确的数值后，再决定增和减 pH 值的高低。如培养基偏碱可用 5%乳酸溶液、硝酸、柠檬酸、醋精等溶液调节。偏酸可用石灰溶液调节。

(2)玉米芯培养基的配制方法 先将玉米芯提前 8～10 小时用清水拌料，使玉米芯原料吃透水分后，再把豆秸秆粉、玉米粉干料分别拌匀，将石膏粉、石灰粉、维生素分别放入水中溶化后，均匀地泼在培养料上。然后，边加水边拌料，使各种原料湿料拌均匀，培养料水分达到 60%，闷堆 1 小时使玉米芯充分吃透水分(特别注意：玉米芯培养基如果吃不透水分，蒸汽锅灭菌不彻底，很容易出现大量杂菌。所以，玉米芯培养料在拌料时必须吃透水分)。待达到所需含水量后即可装瓶或装袋。

(3)玉米大糙子培养基的配制方法 将所需数量的玉米

糙子(脱皮后的大糙子)放入容器内,加清水超过玉米糙子浸泡(也可直接用大锅煮料,使玉米糙子煮至熟而不烂、但不能煮开花即可捞出),夏季每天换两次水,冬季 24 小时换 1 次水,泡至玉米糙子掰开观察,使玉米糙子浸透,即玉米糙子内部中心没有白心时,用笊篱捞出,再用清水冲洗几遍,使大糙子没有碎杂物和黏液。洗完后再用笊篱捞出,沥干玉米糙子表面的水分,摊放在水泥地面上或木槽内。然后把干木屑和石膏粉混合拌匀后,再和已泡好的玉米大糙子湿料拌匀,使培养料水分达到 57%,即可装瓶(此培养基不易装袋制种)。

(4)玉米粒培养基的配制方法 选用无霉变的干玉米粒,浸泡在含 0.3%的石灰水中(也可直接用大锅煮料,使玉米粒煮至熟而不烂、不开花即可捞出),待玉米粒全部浸泡透后捞出用清水冲洗 2～3 遍,之后,沥干玉米粒外皮水分,将石膏粉拌入已泡好的玉米粒中,充分拌匀后即可装瓶(此培养基不易装袋制种)。

(5)短枝条培养基的配制方法 首先称取所需数量的已加工好的葵花秆或枝条放入容器内,加清水超过葵花秆或枝条浸泡,同时每 50 升水中加入磷酸二氢钾 0.1 千克、硫酸镁 0.075 千克、维生素 B_1 100 片(每片含量 10 毫克)、红糖 0.5 千克,浸泡 6～8 小时,使葵花秆或枝条泡透后,用笊篱捞出,沥干葵花秆或枝条外皮的水分,即可装袋。装袋前先把袋底放一层常规配制的湿树叶粉或其他培养基,之后,把葵花秆或枝条竖放入袋中,装入袋内的葵花秆或枝条要求越紧越好。待葵花秆或枝条装满袋后,上面再放一层培养基,稍压实后,套上颈圈,塞上棉塞或无棉盖体。

(6)棉籽壳培养基的配制方法 称取所需数量的优质棉籽壳和树叶粉摊放在水泥地面上,混合使两种干料拌匀后,把石膏粉放入清水中搅拌溶化后，用喷壶均匀地喷在干料上，要求随拌料随浇水，使培养料湿料拌匀后，再用每平方厘米1个孔的铁丝筛筛湿料2～3遍，使湿料更均匀，含水量达到60％为宜。

(7)枝丫粉碎屑培养基的配制方法 将枝丫粉碎屑、豆秸秆粉混合干料拌匀后，再把玉米粉、黄豆粉等均匀地撒在枝丫粉碎屑上面，继续干料混合拌匀。将石膏粉、红糖分别放入清水中搅拌溶化，均匀地泼在干培养料上。然后，边加水边拌料，使湿料拌匀，再用铁筛子把湿料筛2遍，含水量60％，即双手用力搓培养料，手掌面有光泽湿润感而不能有存水，用手紧握料成团，扔下料即散开。

3. 装袋(瓶)与灭菌方法

(1)装瓶与装袋方法

①人工装瓶 树叶、玉米芯、枝丫末、棉籽壳等培养基湿料拌匀后，开始装瓶(瓶子可选用葡萄糖空瓶洗净均可)，装瓶时先把漏斗放在瓶口上，再把漏斗内装满培养料，用特制的螺旋丝结合装瓶(也可选用机械装瓶)，装至半瓶料时，把瓶子蹾几下，使装入瓶内的培养料稍紧一些，随装料随蹾瓶，要求瓶底部的培养料稍松些，上面要求紧一些为好。培养料装至瓶肩时，用铁丝钩压实，压平料面，再用布条擦掉粘在瓶肩内部的培养料，使内部干净。然后在瓶料中间扎一个直径0.5厘米的细孔至瓶底，塞好棉塞。塞棉塞要求松紧适宜，即用手转棉塞能转动，拎起料瓶棉塞不脱出为宜。玉米楂子、整玉米粒培养基可直接用手装入瓶内，装至瓶子总高的2/3，培养料装瓶后不要压实，要求自然松度。之后，塞上棉塞即可蒸汽锅灭菌。

②人工装袋 菌袋选用16.5厘米×33厘米，厚0.45毫米合格的聚乙烯袋。培养料湿料拌匀后。人工开始装袋(也

可使用装袋机完成，一般装袋机每小时可装600～800袋）。要求随装料随压平、压实料面，装入袋内培养料的高度以13厘米为宜，在料袋中间用0.5厘米的圆木棒刺1个深孔至袋底。之后套上颈圈、塞上棉塞或盖上无棉盖体。

第一，树叶粉、玉米芯、棉籽壳、枝丫末培养料的优缺点。每个配方可装原种350瓶左右；装80～100袋。它具有成本低、污染杂菌少、成品率高、菌种保存时间长等优点。缺点：菌丝发酵慢、时间长，一般从接种至菌丝长满全瓶（袋），在24℃～27℃温度下，需35～50天。

第二，玉米大糙子、玉米粒培养料的优缺点。每个配方可装270瓶左右。一般每瓶需干玉米粒、大糙子130克左右。它具有菌种萌发快、菌丝生长快，在适温下菌丝粗白，在转接栽培种时萌发速度快，该培养料在适温下，只需18～20天菌丝可长满全瓶。缺点：需要浸泡或煮料过程，费工、成本比用树叶粉、玉米芯、棉籽壳、枝丫末培养料高。如培养料浸泡水分过多时，易出现细菌性杂菌污染致使培养料酸败腐烂。

(2) 原种料袋(瓶)灭菌方法 制作原种时，必须当天拌料，当天装瓶（袋）和灭菌（如条件允许，也可在5℃～10℃短时间保存）。以免因温度高、时间长使培养料酸败变质造成不必要的经济损失。

①高压蒸汽灭菌法

料瓶灭菌 首先打开高压蒸汽灭菌锅的进水阀或锅盖，往高压锅内加水至规定的水位。之后把进水阀关闭好，把料瓶竖立摆放装满蒸锅后，封闭好锅盖，对角拧紧螺丝，开始大火加热（配带300瓦鼓风机），当高压蒸汽灭菌锅压力表指针升至0.05兆帕（温度110.05℃）时，应旋开放气阀，使高压蒸汽灭菌锅内的冷空气慢慢排尽。待冷空气全部排尽后，压力表指针降至0位时，继续急火加热，使放气阀往外排直气时，关闭放气阀。当压力表指针再升至0.15兆帕时（温度127℃）时，保持压力不再升高和下降，开始计算灭菌时间，继续灭菌2～2.5小时后，停止加热。之后，旋开放气阀，慢慢排尽锅内的热空气。待锅内的热空气全部排尽后，松开锅盖上面的对角螺丝，把锅盖打开2/5缝隙，利用锅内余热烘干潮湿的棉塞或无棉盖体（一般需要烘30～50分钟）后即可出锅。

料袋灭菌　按上述高压蒸汽灭菌锅灭菌方法进行。不同之处应从第一次当高压蒸汽灭菌锅压力表指针升至0.05兆帕（温度110.05℃）时，慢慢旋开放气阀排气，待冷空气全部排尽后，压力表指针降至0位时，继续大火加热，待放气阀往外排直气时，关闭放气阀。当压力表指针重新升至0.14兆帕时（温度125.9℃）时，保持压力不再升高和降低，继续灭菌2.5～3小时后，停止加温，之后按上述方法进行。

需要说明的是：采用高压蒸汽灭菌锅灭菌时，不论前期排放冷空气或灭菌完毕后排放蒸汽过程，都必须慢慢排放，如排气过急、过快易造成料袋膨胀或破损及棉塞脱落。

②常压蒸汽灭菌法　首先把常压锅内加足水，之后，把料瓶（袋）全部装入常压锅后，点燃火，配用300瓦鼓风机大火加热，一般从点火至常压锅上大气（100℃），最好在2～3小时内达到。如长时间达不到100℃，很容易使料袋或料瓶内的培养基酸败，造成损失。待锅内温度达到100℃时，开始计算时间。一般每锅装1 500～2 000个料袋（瓶）需保持100℃灭菌8～10小时（随着每锅料袋或料瓶数量的增加，蒸锅灭菌时间也随之延长）后，停止加温，此时停用鼓风机。再继续焖6小时后即可打开常压锅门。此时已达到灭菌目的。

4. 料袋(瓶)接种与菌丝培养

(1)接种方式

① 电热杯开放式接种方法　具体操作过程：首先，把已灭好菌的料瓶和所需的菌种、接种工具及2～3热水瓶开水(电热杯接种缺水时备用)等全部放入接种室内。再用3%的来苏儿溶液喷雾消毒室内的四壁、空间和地面，净化室内灰尘和空气杂菌孢子之后，封闭门窗，净化消毒30分钟。待料瓶温度降至20℃以下时开始接种。其次，接种人员进室前，必须换上工作服和拖鞋，再用2%的来苏儿溶液对工作人员喷雾消毒后，迅速进入接种室，快速关紧门。然后把电热杯加足开水插好电源。待杯中水开后接种(特别注意：电热杯蒸汽接种时，电压不足杯中水不翻花，热气不足时，应停止接种，否则料瓶易污染杂菌)。再次，接种人员戴上医用手套，用75%的酒精棉擦洗一遍手套，把接种钩放入电热杯中。试管(母种)固定在接种架上，使试管口在蒸汽上方5～6厘米处，然后拔掉试管棉塞(拔瓶塞和塞棉塞操作过程必须在蒸汽上方进行。否则易污染杂菌)，拿出杯中的接种钩稍凉后，伸入试管内部把母种培养基前端2厘米切割钩出后，再使培养基横切分成8块，然后钩出一块菌种，料瓶口对准试管口，直接把菌块接入瓶内(每支母种可转接原种8瓶)，迅速在蒸汽上方塞好棉塞。

按上述程序操作，接种期间工作人员要轻拿轻放，以免带动气流冲散蒸汽区域，影响接种质量。此期间更不能随便出入接种室，要求一气呵成，直到把料瓶全部接种完为止。该接种方法经20多年来大量制种证明，具有安全可靠、菌种萌发快、成活率高、菌种成品率可达98%的特点(特别注意：电热杯接种方法只适宜瓶装原种或栽培种接种；禁止用于袋装接种，否则料袋易污染大量杂菌)。

②*电子臭氧接种器接种方法* 具体操作过程：首先，把接种室内的杂物等全部清理干净，事先在接种室上方安装 2 只 40 瓦的紫外线灯管备用；把已灭好菌的料袋(瓶)和所需的接种工具及菌种一起放入接种室内；工作台上放好臭氧接种器，接种器上方安装 1 个 270 瓦的红外线灯之后，打开接种室紫外线灯和接种器的双开关，同时每立方米空间用 5 克菇保王或克霉灵烟雾熏蒸消毒灭菌；紫外线灯应预照 20 分钟，待紫外线光波稳定后，继续消毒灭菌 30 分钟后关闭，烟雾熏蒸达 2～3 小时后，待料袋(瓶)温降至 20℃以下时开始接种。其次，接种时工作人员戴上口罩和医用手套，手套用 75%酒精棉擦洗 1 遍，之后用 3%的来苏儿溶液消毒工作台和净化空间烟雾及灰尘，打开红外线灯预热 3 分钟，在接种器前 10 厘米处(无菌区)，把试管(母种)固定在接种架上，拔掉试管棉塞，接种钩应严格通过酒精灯火焰烧红灭菌，待接种钩烧红后，放入 75%的酒精内快速冷却，之后拿出接种钩并点燃蘸在接种钩上面的酒精，待自然燃烧后，伸入试管内部把母种培养基前端 2 厘米切割钩出后，再把母种培养基横切分成 5～8 块，然后钩出一块菌种，料袋或料瓶口对准试管口，把菌块接入袋内或瓶内(每支母种可转接 5 袋原种或 8 瓶原种)，在无菌区内迅速塞好棉塞或盖上无棉盖体，即接完一袋或一瓶。按照上述操作把全部料袋(瓶)接种完菌种为止。

注意事项：接种时的试管口，料瓶、料袋口及拔棉塞和塞棉塞时都必须在无菌区进行，否则易污染杂菌。

(2)原种菌丝培养 接种后的料袋(瓶)迅速移入培养室内的多层发菌架上或直接吊袋发菌(培养室吊袋发菌方法及消毒灭菌等详细过程参见“栽培种立体吊袋菌丝培养新技术”

的内容）。发菌期间，保持培养室越干燥越好，地面撒一层生石灰粉防潮、防杂菌。接种前10天内，室内温度以不超过28℃为宜。之后，当菌种块萌发并菌丝封满料面时，室内温度也逐渐增高，这时应把室内的温度降至25℃～26℃，待料袋（瓶）菌丝长至2/3时，室内温度应继续下降至20℃～22℃，直到菌丝长满全袋（瓶）为止。发菌期间应经常通风换气，保持室内环境清洁卫生。玉米大楂子、整玉米粒培养基，发菌10天后，当料面菌丝达到直径4～5厘米圆球状时，开始用手晃动料瓶，使料瓶里的菌种球和培养基混合均匀（注意：在晃动料瓶时禁止使菌种和培养料接触到瓶内上方的棉塞，否则易污染杂菌）。每天检查1次有无杂菌，如发现料瓶或料袋内培养料上出现红、绿、黑、黄等异常颜色即是杂菌，应立即拿出隔离培养室。经过晃匀的玉米大楂子、整玉米粒菌种，在适温条件下，一般5～7天内菌丝全部愈合好，再继续培养5天左右，使菌丝充分吃透培养料内部，表面形成富有弹性的洁白菌丝后即可使用。这样的菌种生命力强，接种后菌种萌发快、长势旺、抗杂菌能力强、菌种成品率高。树叶粉、棉籽壳、枝丫末、玉米芯培养料不用晃瓶，待菌丝全部长满袋（瓶）后，室温降至18℃以下继续培养6～10天后使用（图3-1）。

（三）栽培种（三级菌种）生产技术

1. 菌袋选择与质量要求

(1)菌袋选择 用于袋栽黑木耳的菌袋必须选用高密度低压聚乙烯袋。南方多采用高密度低压聚乙烯原料制成，筒径折幅宽12厘米，制成50～55厘米的长袋，一般每千克筒料可制成240个菌袋。北方应选用菌袋规格以16.5厘米×33

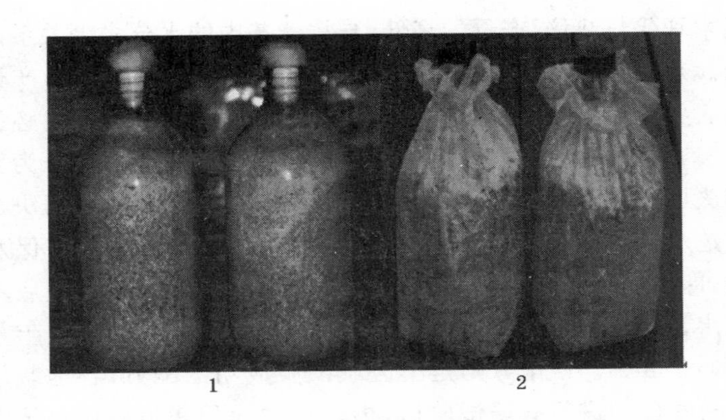

1　　　　2

图 3-1　原　种

1. 瓶装原种　2. 袋装原种

厘米或 16.5 厘米×35 厘米，厚度为 0.4～0.45 毫米的优质菌袋。选用低压聚乙烯袋优点是菌丝长满袋后，紧缩贴靠培养料，不脱袋。菌袋割口育耳时，原基形成快而整齐，不易感染杂菌，黑木耳代料栽培选用这种菌袋为提高黑木耳菌种成品率及高产丰收打下了重要的基础。

(2)菌袋质量要求　选择菌袋时菌袋横竖拉力强，北方短袋袋底必须封严不漏气。检验方法，把菌袋吹足气，袋底部放入水盆中并用力压塑料袋，观察袋底是否漏气，如袋底漏气盆中水即可冒泡，该菌袋禁止选用。选购菌袋时用手拿起菌袋用力搓数下观察，如菌袋褶纹呈白色的即是不合格产品，原料里含有再生料。如果菌袋褶纹呈菌袋原色的即是合格产品。

2. 栽培种的科学配方

黑木耳代料栽培，主原料可来自多方面，栽培者应根据当地资源优势，就地取材选用。合理使用科学配方，即可使黑木耳达到所需产量、质量及菌种成品率，而且可降低生产成本。

黑木耳代料栽培，产量的高低，与培养基中的水分多少关系密切。栽培出耳时，培养基中水分含量多，出耳快而整齐，产量高。要想使黑木耳达到稳定的高产，培养基中的水分就必须偏多，同时又要把菌丝培养好，他们之间是互相矛盾的。为了解决以上难题，笔者经过多次小面积栽培试验，成功地解决了上述难题。即在下列的任意配方中加入 0.1% 的植物保水剂，即可使培养基中的含水量提高至 75% 以上，而且袋底不积水，菌丝能正常长满全袋。该配方可提高黑木耳产量 20%～30%。该配方则是小区域试验成功的配方，各地栽培者可小面积进行栽培试验后，再进行大面积栽培应用。下面介绍几种笔者经过多年反复试验并大面积推广的主要代料栽培实用配方。请各地栽培者根据当地资源，选用下列配方。

配方一　阔叶干树叶粉 30 千克，玉米芯（粉碎至绿豆粒大小）或棉籽壳 10 千克，玉米粉 1 千克，黄豆粉 0.5 千克，石膏粉 0.25 千克，石灰粉 0.35 千克，水分 60%，pH 值 7～7.5。

配方二　玉米芯（粉碎至绿豆粒大小）30 千克，干树叶粉或棉籽壳、枝丫末 10 千克，玉米粉 2.5 千克，石膏粉 0.5 千克，硫酸镁 0.025 千克，过磷酸钙 0.25 千克，石灰粉 0.4 千克，水分 60%，pH 值 7～8。

配方三　棉籽壳 35 千克，干树叶粉或枝丫末 5 千克，石灰粉 0.4 千克，石膏粉 0.25 千克，水分 57%，pH 值 7～8。

配方四　稻草粉 30 千克，玉米芯（粉碎至绿豆粒大小）15 千克，阔叶干树叶粉 5 千克，玉米粉 2.5 千克，维生素 B_1 50 片（每片含量 10 毫克），石灰粉 0.5 千克，石膏粉 0.35 千克，水分 60%，pH 值 7～8。

配方五　豆秸秆 15 千克，树叶粉或棉籽壳、枝丫末 15 千克，玉米芯（粉碎至绿豆粒大小）10 千克，玉米粉 1.5 千克，黄豆粉 0.5 千克，石灰粉 0.25 千克，石膏粉 0.5 千克，水分 57%，pH 值 6.5～7。

配方六 甘蔗渣 30 千克，树叶粉或棉籽壳 10 千克，维生素 B_1 50 片（每片含量 10 毫克），石灰粉 0.4 千克，石膏粉 0.4 千克，水分 57%，pH 值 7～8。

配方七 枝丫末 40 千克，玉米粉 2.5 千克，维生素 B_1 50 片（每片含量 10 毫克），石膏粉 0.25 千克，石灰粉 0.35 千克，水分 57%，pH 值 7～7.5。

配方八 芦苇粉 25 千克，玉米芯（粉碎至绿豆粒大小）15 千克，玉米粉 1.5 千克，黄豆粉 0.5 千克，磷酸二氢钾 50 克，石膏粉 0.25 千克，石灰粉 0.4 千克，水分 60%，pH 值 6.5～7 。

配方九 枝丫末 32.5 千克，豆秸秆粉 7.5 千克，玉米粉 1 千克，黄豆粉 0.5 千克，石灰粉 0.35 千克，石膏粉 0.25 千克，水分 57%，pH 值 7～8。

上述 9 种培养料配方中，其中一、二、三、五、七、八、九计 7 种配方，笔者经多年的反复试验，获得成功并在全国各地大面积推广，实践表明上述 7 种配方均能用于代料栽培黑木耳，而且成本低，原料易得，高产，稳产，产品质量好，经济效益高。而四、六计 2 种配方，则是小区域试验成功的配方，各地栽培者可小面积进行栽培试验，不断完善。

黑木耳生长，最适宜 pH 值 5.5～6。笔者经多年的反复试验证明，代料栽培黑木耳配料时，必须把 pH 值调制至 7～8。因培养基通过高压或常压灭菌，菌丝培养和栽培过程中，由于新陈代谢产生有机酸，自然使培养基 pH 值下降 1.5～2.5，正适宜出耳栽培时黑木耳生长所需的 pH 值。因此，在实际配料时应把培养基提高至偏碱性（pH 值7～8），从而有效地抑制霉菌生长，减少杂菌污染危害。

3. 培养基的制作方法

培养基是代料栽培黑木耳速生高产的物质基础，在确定选用的配方比例后进入配制工序。其方法是：将上述配方中的各种原料充分搅拌均匀（也可利用拌料机进行），使培养料水分和 pH 值达到所需的要求。栽培种培养基拌料时水分必须达到 57%。如培养基偏干，发菌期间菌丝细弱无力，菌种易退化。培养基水分过大，菌丝难以生长到袋底，影响菌种质量和产量。

具体拌料方法如下。首先，把干树叶粉、棉籽壳、木屑等原料按配比干料拌匀（玉米芯必须提前 8～10 小时用清水拌料，使玉米芯原料充分吃透水分后，再拌入上述料中），之后把玉米粉、黄豆粉（玉米粉、黄豆粉加工粉碎时，要求越细越好，因粉料过粗达不到彻底灭菌的效果，菌丝培养期间易出现斑点霉菌）均匀撒在已拌好的干培养料上，干料拌匀后，把石灰粉、石膏粉、维生素、硫酸镁、过磷酸钙等原料分别放入水桶内，加清水（冬天制种时应用温水拌料，使上述原料快速溶解）用木棍搅拌使上述原料全部溶解后，用喷壶均匀地泼在干培养料面上（一般每 50 千克干料需加水 55 升左右。新鲜木屑、玉米芯等原料和冬季带有雪面的原料水分较大，在计算用水时，如按干料加水误差很大，所以必须把水分掌握好。实际拌料时，原料应按以下比例进行。如：每个配方中需要干锯木屑 40 千克，那么用多少新鲜或带有雪面的锯木屑，才能折合 40 千克干料？首先用秤称取新鲜或带雪面的锯木屑 0.5 千克，放入锅里快速烘干后，取出已烘干的锯木屑再称一称。如 0.5 千克新鲜或带有雪面的锯木屑，烘干后的重量是 0.3 千克，那么新鲜或带有雪面的锯木屑含水量是 40%，按上述方法计算 50 千克新鲜或带雪面的锯木屑烘干后，折合干料 30

千克。因此在实际拌料中取 66.5 千克新鲜或带有雪面的锯木屑,才能折合干料 40 千克),要求随泼水,随用铁锹拌料,湿料均匀拌 2～3 遍后,再用铁筛子(筛口以每平方厘米 1 个孔为宜)将湿料筛 2 遍,使各种原料及湿料混匀,pH 值自然。水分 57%为宜。

其次,水分测定方法。先称取 0.4 千克锯木屑(干湿均可,但北方冰冻的锯木屑必须溶化透),在量取 0.5 升清水后,把 0.4 千克锯木屑放在容器中,取已量好的水拌料,要求随加水拌料随检验培养料的水分多少,即用双手抓起料用力搓湿料,双手皮肤湿透并有光泽湿润感,但手掌不能有存水(此时培养基含水量基本达到 57%)即为标准湿度。待培养基含水量达到要求时停止加水,再去称取拌料后剩余水的重量。例如:拌料前称取 0.5 升清水,培养基含水量达到后,还剩下 0.3 升清水,按照上述试验证明,你在实际拌料时,每个配方即 40 千克锯木屑直接加清水 20 升即达到了标准的含水量 57%。目前,较多食用菌科技书及培训班所讲的黑木耳培养料含水量,即手握紧湿料,手指缝有水珠渗出而不滴为宜。实践证明,这样的含水量已达到 65%左右。使培养料水分过多,在发菌期间菌丝 90%以上长不到袋底,在菌丝培养期间易使培养基酸败并出现杂菌,影响黑木耳菌种的质量和产量。

4. 装袋标准与菌袋拧结通氧封口新技术

(1)人工装袋标准 以北方短袋为例,把已拌好的培养料用人工装入塑料袋内(要求当天拌好的培养料,必须当天装袋,当天高压灭菌或常压灭菌),要求边装料边压实袋内的培养料,使袋内的培养料上下松紧一致,要求装料越紧越好。南方应用高密度低压聚乙烯原料制成,筒径折幅宽 12 厘米,制成 50～55 厘米的长袋。北方应选用 16.5 厘米×33 厘米或

16.5 厘米×35 厘米，厚度为 0.40 毫米的高密度低压聚乙烯菌袋，可分别装入培养料至 19～20 厘米高时停止（人工装袋时千万不能 1 次装满料后，才开始压紧培养料。否则，菌袋易形成皱褶，在灭菌和栽培过程中，极容易使培养基灭菌不彻底，或培养基与料袋脱离，造成菌袋割口育耳时，原基形成慢，出耳不齐或不出耳等现象，易使菌袋割口处杂菌污染）。必须压实培养料面，使料面中间呈凹形，外圈呈凸形（这种方法在倒袋地摆栽培时，菌袋竖立稳定不倒袋，解决了各地菌农在黑木耳菌袋地摆管理时，为了防止菌袋倒伏提前人工砸菌袋坑，费工、费时的繁杂工序）。用直径 3 厘米粗的圆铁棒或木棒在料袋中间刺 1 个深孔，深度以离袋底 2 厘米为宜，料袋刺完孔后，倒出料袋内部的散料，防止散料堵住刺孔口。待料袋按上述程序整理后即装完一袋。按上述程序操作直至装完所需数量的料袋为止。

(2) 机械装袋标准 培养料拌匀后开始装袋，在没装袋之前，首先调整好装袋机装料的松紧度，黑木耳栽培袋装料时，要求装料越紧越好，只要不胀破料袋即可（因料袋装紧后在菌丝培养及菌袋割口管理期间，培养基与料袋膜紧贴不脱袋，出耳早、出耳齐，失散水分少，杂菌污染低，产量高）。装袋机装料高度应分别调至（规格 16.5 厘米×33 厘米或 16.5 厘米×35 厘米的菌袋）19～20 厘米为宜。待装袋机全部调整好后，料斗装满培养料，装袋工作人员用脚先踩开离合器并启动装袋机开关，迅速把空菌袋套入装袋机出料管口上，使空袋底靠近出料口，松开离合器，当培养料装到所调整的高度时，装袋机离合器会自动离合并停止装料。此时，装袋人员迅速用脚踩住离合器的脚踏板，并把已装满的料袋拿出即装完一袋。之后，按上述程序操作直至装完所有的料袋为止。机械装袋机可完成装料、打孔、料面压平等全部程序。机械装袋机要求配带 2.2 千瓦×2 800 转/分的电机。一般每小时可装 600～800 袋，是人工装袋的 6～8 倍(图 3-2)。

图 3-2　装袋机装料

(3)菌袋拧结通氧封口新技术　黑木耳及食用菌菌袋拧结通氧封口技术，是笔者经过多年的潜心研究和反复试验，于 1997 年试验成功并大力推广的。

①*经济效益*　该封口技术的最大优点是，它简化了传统的菌袋封口时人工剪切打包带、粘颈圈、料袋口套径圈、塞棉塞或盖无棉盖体，在栽培出耳时需人工拔掉棉塞、颈圈等繁杂的操作工序。另一个优点是黑木耳及食用菌料袋封口时，不需花分文钱就能顺利地完成封口过程。该技术在各地推广以来，实践证明它安全可靠，发菌快，菌种成品率高(可达 98%以上)。利用菌袋拧结通氧封口新技术每制菌 1 万袋，可节省资金 600～800 元，节省人工 60%以上，增产 15%以上，100%

地避免了传统料袋蒸汽灭菌时，袋内大量进水造成菌袋报废。利用菌袋拧结通氧封口新技术，因该封口技术蒸汽灭菌时袋口全部朝下摆放，使料袋口内部培养基自然形成了营养水分偏大条件，通过接种后料袋口朝上经过长时间的菌丝培养，使袋内上部过多的营养水分慢慢下沉，待菌丝全部长满袋后，自然形成了菌袋内部的营养水分上下均匀。解决了各地黑木耳菌袋割口栽培管理时，出耳慢、出耳不齐或不出耳等普遍问题。

②操作要点　待人工或机械装满料袋并把中间刺眼后，把刺眼时带出的散料倒出，防止散料堵住刺眼口。工作人员用左手托住已整理好的料袋底，右手握住袋口合拢一起。右手不动，左手托住袋底必须顺时针方向拧半个劲(90°角)(图3-3)，封口完成1袋(菌袋封口时只需拧半个劲，千万不能随意拧劲过多，否则袋口不能透气，蒸汽灭菌时易胀袋，在菌丝

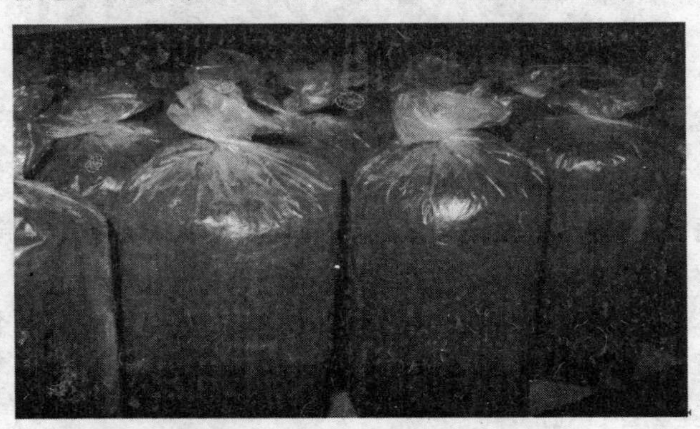

图 3-3　黑木耳菌袋拧结通氧封口技术(笔者首创)

培养期间因缺氧易导致菌丝生长慢或菌丝停止生长及死亡)。然后用手指按住已拧好的袋口，袋口朝下倒立双层摆放在规格(长)42厘米×(宽)32厘米×(高)42厘米×24袋的密底料

袋专用铁筐内，放完一层料袋（12 袋）后，再放第二层料袋，使袋口同样朝下分别倒立摆放在第一层每个料袋底部的平面上，直至装满筐为止（图 3-4）。

③封口新技术的原理　自然界多数杂菌孢子，均在高温、高湿的条件下萌发生长最快，污染率甚高。因此，拧袋封口技术只需拧结半个劲，它透气性极强，而且这种料袋口没有棉塞或海绵片潮湿污染等现象。在菌丝培养期间，虽然培养室需要较高的温度，但该封口新技术袋口透气性极强，此处形成了一个高温而不高湿的自然环境，致使杂菌孢子没有条件萌发和污染。因此，使菌种成品率提高至 98%以上。该技术的大力推广应用，使各地黑木耳栽培生产区，减少了工序，降低了成本，提高了栽培者的经济效益。

图 3-4　双层倒袋装筐

5. 料袋灭菌与接种

(1)料袋灭菌方法　主要介绍高压蒸汽灭菌法和常压蒸

汽灭菌法

①高压蒸汽灭菌法　高压蒸汽灭菌锅，具有封闭严密和耐受高压等特点。高压灭菌锅的具体操作步骤如下：首先，打开高压锅的进水阀或锅盖，往锅内加足所规定的水位（高压蒸汽灭菌锅加水时必须1次加足，中途不能加水）。加足水后把进水阀关闭好，然后把装满料袋的专用铁筐，放入高压锅最底部的铁帘子上。摆放完一层铁筐后，再继续往上放第二层，按上述同样的做法直至装满锅为止（料袋在装筐或在锅内散摆时，不要摆放得太挤，留有一定的距离，能使蒸汽在袋与袋之间畅通穿透，保证灭菌效果，否则，往往造成灭菌不彻底）（图

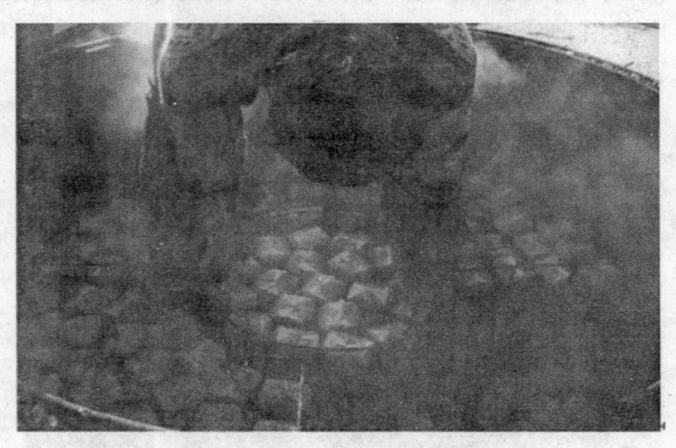

图 3-5　料袋装锅灭菌

3-5）。待专用料袋筐全部装入锅内后，把高压锅盖按规定方位盖好封严，对角拧紧锅盖上的全部螺丝，使锅盖必须封严（否则，易漏气，造成料袋灭菌不彻底及料袋变形涨破）（图 3-6）。其次，开始点火加热，配用 250～300 瓦的鼓风机急火加热，当压力表指针升到 0.05 兆帕（温度 110.05℃）时，应旋开

图 3-6　高压蒸汽灭菌锅封盖

放气阀，慢慢放出锅内的冷空气（排气时，冷空气必须排尽，否则压力虽然达到，而温度达不到，造成假压使料袋灭菌不彻底，在菌丝培养期间，料袋易成批出现杂菌污染）。当冷空气全部排尽后，压力表指针降至 0 位时，继续大火加热，待放气阀往外出大气时，应快速关闭放气阀（高压锅蒸汽灭菌时，也可把料袋专用筐装满锅并封闭好锅盖后，拧开放气阀，开始大火加热。当烧至放气阀往外出大气时，用棉花包住水银温度计的一头，插入放气阀内，同时快速用棉花堵住蒸汽口，观察温度计，如水银温度计达到 95℃～100℃时，拿出温度计，拧紧放气阀，继续加温灭菌。该灭菌方法省去了升压后排放冷空气的缓慢过程，而且同样可达到灭菌彻底的效果）。待压力表指针升到 0.14 兆帕时（温度 125.9℃），开始计算时间。此时转用稳火停用鼓风机，保持上述压力，使压力不再上升和下降。一般每锅装规格 16.5 厘米×33 厘米的料袋 800～1 500 袋，保持上述压力和温度继续灭菌 2.5～3.5 小时即可达到灭菌效果。之后，缓慢旋开放气阀(此时，禁止过快排放蒸汽，以免使料袋胀大变形，造成不必要的损失)。待锅内蒸汽全部排放后，拧开锅盖上面的全部螺丝，并打开锅盖(图 3-7)，使锅内料袋冷却 30～60 分钟后即可出锅(如用电动滑车吊出料筐设备，锅盖打开后即可出锅)。利用拧结通氧封口技术封口的料袋，因它没有用颈圈、棉塞或无棉盖体，在出、装锅和搬运时，要求双手握住料袋中部(禁止手拎袋口)即可出、装和搬运，蒸锅灭菌时由于是倒袋压口灭菌定型，故不要担心料袋开口等问题。

图 3-7　料袋灭菌后冷却

② *常压蒸汽灭菌法*　目前，各地搭建的常压灭菌锅多种多样，最常见的常压灭菌锅有 3 种。

第一，用砖、水泥、钢筋、大号铁锅等结构砌成的大型常压灭菌锅。该锅搭建一般灶高 2.8 米，长 1.5 米，宽 1.5 米，分上、下两部分。锅体下部 0.8 米高处为蒸汽锅灶台并安放一个直径 1.2 米的铁锅，灶前设有进火口和通风口，灶后设有烟囱。灶台搭建时可砌入地下，使蒸汽锅灶台的高度与地平面一致，便于料筐的出、装。锅体上 2 米高处为蒸舱，四周用砖砌成24厘米厚的墙壁。顶部砌成圆拱形并用水泥钢筋密封，以防漏气。壁墙一侧以地平面计算安装一个宽0.8米、高1.2米的铁门，并用钢筋水泥加固，便于装、出料筐后的关闭。在蒸汽锅舱的最底部靠近铁锅处安装一个进水管，以便料袋灭菌时，锅内缺水之用。另在靠铁门的一侧打一个小眼并安装一支水银或盘式温度计，以便掌握蒸汽锅舱内的温度情况。蒸汽锅舱的顶端留1个排气孔，使蒸汽锅舱内的蒸汽更好地升到顶部，均匀地分布在蒸汽锅舱内，避免出现锅内"死角"。一般每锅每次灭菌1 000～1 500袋。此蒸汽锅搭建需投资1 200～1 600元。密封性能强，但东北地区由于温差较大，该蒸汽锅墙壁容易产生裂缝而漏气，应注意及时维修。

第二，底部用砖、水泥和1.2米口径的铁锅砌成的常压灭菌锅台。上部即蒸舱用0.3厘米厚的铁皮焊成(一般高2.5米，长1.7米，宽1.7米)，放在锅台上并用水泥密封牢固。此锅封闭严密，可一次灭菌2 500袋，此蒸汽锅搭建需投资2 000～2 500元。

第三，用砖、水泥和1.2米口径的大铁锅砌成简易蒸锅灶台。灶台搭建时可砌入地下，使蒸锅灶台的高度与地平面相平。蒸锅灶台平面以(长)2.02米×(宽)2.02米为宜，在灶台四周边缘上用单砖顺砌3～4层高并用水泥压平打光，灶台内部空间(特别是灶台的四角处)用碎砖头填补后，顺着铁锅边缘向上砌成漏斗形，用水泥抹平。沙袋上面放上蒸汽锅帘子。之后，选用直径3.5米或4米，厚1～1.2毫米优质大棚塑料筒膜，先把大棚塑料膜一头放入蒸汽锅灶台内部，靠近铁锅边缘并用沙袋压实(沙袋应事先用布制作成直径10厘米宽的长形细袋并装满细沙。沙袋长度应根据蒸锅灶台四周长短而定)，在沙袋上面放上蒸汽锅帘子即可将料筐装入蒸汽锅灭菌。该简易蒸锅1次可灭菌2 500～3 000袋，此蒸汽锅搭建需投资600元左右。

以上3种常压蒸汽锅，各地栽培户应根据自己的经济条件而选定。常压蒸汽锅灭菌时能使温度达到100℃～108℃，与高压蒸汽灭菌锅相比，这类蒸汽锅投资小、同样能达到灭菌彻底的效果，但它灭菌时间较长，费时、费工、费燃料。

③常压蒸汽锅灭菌的具体操作过程　以第三种常压蒸汽锅灭菌方法为例，待上述程序完成后并把大棚筒料塑料膜堆放在蒸汽锅的灶台上面，锅内加满洁净清水，点燃灶火，配用250～300瓦鼓风机急火加热，然后把装有料袋的铁筐搬运到蒸汽锅帘子上并整齐摆满一层呈四方形，之后，继续在第一层料袋铁筐上面摆放第二层，待料袋铁筐装完需灭菌总数量的一半时，在中间料筐的料袋内插入盘式温度计探头，空心连接线应随摆料筐随往上提，以此顺序直至装完料筐为止（上述第一、第二两种常压灭菌锅料筐装满锅后，把木盖门或铁门封严即可蒸锅灭菌）。待料筐全部装完后，把已装好料袋铁筐的四个角，从底部开始往上用编织袋全部围挡好，以免铁筐棱角扎破塑料膜。之后，把大棚筒料塑料膜慢慢地提升到料袋铁筐上面，把盘式温度计空心连接线拿出并拢好塑料膜筒料口，同时在大棚筒料口上放入一根直径3厘米、长1米左右的塑料管并用绳子以交叉扣方式缓慢扎紧。该简易灭菌锅1次可灭菌2 500～3 000袋，灭菌时间视装袋数量多少而定。一般从点火至蒸汽锅内部温度达到100℃，最好在3～3.5小时内快速烧至上大气（即100℃）。如长时间达不到100℃，很容易使料袋酸败，造成不必要的经济损失。待蒸汽锅温度达到60℃～70℃时，塑料膜开始软化，此时，再重新缓慢绑紧蒸汽锅上方的塑料膜口，避免袋口漏气。当蒸汽锅上方的塑料管

往外排直气时，用棉塞塞紧塑料管口。使温度达到100℃时，开始计算灭菌时间，此时转用稳火，停用鼓风机，在100℃～108℃下保温灭菌8～10小时后即可停火加温。蒸汽锅灭菌期间的温度宁高勿低，使料袋继续焖锅5～6小时后再出锅，以保证培养料的熟化程度。之后把塑料膜口全部打开并慢慢地堆放在蒸汽锅灶台上面（上述第一、第二两种灭菌完毕后，把锅盖全部打开，30～60分钟稍凉后），料袋即可出锅。常压锅灭菌时不能中途停火或往锅内加冷水，防止灭菌不彻底，造成大量杂菌污染而导致制种失败。

（2）料袋的接种方法 接种是在无菌条件下把菌种转接到经过灭菌后的料袋培养基上。接种是代料栽培黑木耳制种过程中的一个重要环节，因此接种时需要搭建一个专用的接种室。

接种室需建成里外两间，外间为缓冲室，里间为接种室。缓冲室拉门与接种室拉门应交叉开距离并封闭严密。缓冲室和接种室棚顶要求平整光滑，高以2.5米为宜，接种室面积以7.5平方米为宜（长3米，宽2.5米），缓冲室面积以3.6平方米为宜（长3米，宽1.2米）。接种室内应配备工作台、凳，供接种人员使用。室内还应备有酒精灯、75%的酒精及酒精棉、接种工具、火柴、红外线灯、接种器、接种架、接种照明台灯、废物箱等。缓冲室的墙壁上安装更衣钩，备有工作服、防毒口罩、医用手套、拖鞋、工作帽、喷壶、消毒药、毛巾、脸盆等，以供操作人员更换使用。缓冲室和接种室内安装2只40瓦的紫外线灯和1只日光灯，分别把紫外线灯安装在接种室顶棚上部两边，中间安装日光灯。在缓冲室顶棚中间各安装1只40瓦的紫外线灯和日光灯。接种室内的2只紫外线灯，在靠里边的紫外线灯下安装接种工作台，紫外线灯应离接种工作台

1.5 米,另 1 只应离地面 2 米。室内地面和墙壁要求平整光滑,以便清洗消毒。缓冲室和接种室内要求清洁卫生,消毒除尘应彻底(图 3-8)。下面介绍几种较理想的接种方法。

图 3-8　无菌工作室

①*电子臭氧接种器开放式接种方法*　在接种前 3 天,应将接种室所有杂物清扫干净,每立方米空间用甲醛 10 毫升,高锰酸钾 5～6 克熏蒸灭菌 24 小时后,打开门窗放出甲醛气体备用。接种前把出锅的料袋、原种、接种器及接种工具等全部放入接种室内。工作台上放好臭氧接种器,接种器上方安装 1 个 270 瓦的红外线灯。此时应关闭门窗,保持接种室和缓冲室内黑暗无光,按每立方米空间用 5 克克霉灵烟雾熏蒸。同时打开接种室和缓冲室内的紫外线灯预照 15 分钟,待紫外线光波稳定后,继续消毒灭菌 30 分钟后关闭。待烟雾熏蒸达到 2～3 小时后,料袋温度降至 28℃以下时(简易测温方法:料袋贴在脸上不烫脸,此时袋温一般在 28℃以下,栽培袋应抢温接种。这样接入袋内的菌种萌发快,可减少在操作过程中杂菌污染机会。但袋温不能超过 30℃以上接种,否则接入

的菌种易烫死，不萌发，耽误栽培季节），所有接种人员先用2%的来苏儿溶液喷洒消毒1次。迅速进入缓冲室并关闭拉门，操作人员换上工作服，穿好拖鞋，戴上防毒口罩、工作帽及医用手套。再进入接种室并关闭封严拉门，用3%的来苏儿溶液消毒工作台和净化空间烟雾及灰尘，接种前工作人员用75%的酒精棉，擦洗1次双手及手套消毒灭菌。之后，分别在工作台的两边，工作台右边1人专业接种，左边2人交替递袋打开口及料袋封口，另1人递袋装筐。待工作人员各自就位后，打开A组和B组开关，此时臭氧接种器可发出"哧哧"的工作声，同时打开红外线灯预热3分钟，开始接种（电子接种器所产生的臭氧比氧气重量大，易于向下方倾斜流动。因此电子接种器应放在高于接种台20～25厘米处为宜）。接种最佳位置，应离接种器风口前10厘米处的无菌区为宜。专业接种人员事先用75%的酒精棉擦洗1遍原种袋，之后打开袋口去掉原种料面上的老化层，放在接菌器的右边，使原种袋口必须放在臭氧离子风口无菌区下。另一人在臭氧离子风口处和红外线灯下快速打开料袋口，此时，专业接种人员用接种勺快速挖一勺原种接入料袋（图3-9）。之后迅速握住料袋口，顺时针拧半个劲即可接完一袋。接种期间，开袋口，接种和封袋口时必须在臭氧离子风口无菌区进行。接种前期至菌种全部接完，接种勺应经常在酒精灯火焰上消毒灭菌，否则易出现杂菌污染。按上述操作待料袋全部接完为止。一般每瓶原种可转接栽培种25～30袋。每袋原种（湿重0.75千克）可转接栽培种60～75袋。此接种方法4人为1组，4小时可接栽培种2 500～3 000袋。

②*电炉开放式接种方法*　采用电炉接种，具有操作方便、速度快、菌种成品率高等优点。具体操作方法如下：首先

图 3-9 接 种

用厚铁皮制作一个比电炉稍大的圆桶，桶高以 35 厘米为宜，套在电炉上，圆桶上面放一层特细的铁丝网并固定好（细铁丝网防止接种时菌块掉入炉内产生烟雾）。待料袋温度降至 22℃～26℃时，开始接种。接种前，先用 3%的来苏儿溶液喷雾消毒接种室 1 次，以净化室内空气。把出锅的料袋、原种及接种工具，全部搬入接种室内（出锅后的料袋要求轻拿轻放，尽量减少搬运，以免使培养料松散，造成杂菌污染）。进室后的菌种必须用牛皮纸或多层报纸遮盖并封严，防止紫外线照射菌种（瓶）袋。之后，每立方米空间用 6 克菇宝王烟雾熏蒸消毒，同时打开紫外线灯（紫外线灯以 40 瓦为宜）预照 15 分钟，待紫外线光波稳定后，继续消毒 30 分钟后关闭。进室接种前，工作人员换上工作服和拖鞋。用 2%的来苏儿溶液喷雾消毒一遍工作人员的服装，迅速进入室内关闭好门窗（在接种期间不准任何人进入室内，室内工作人员也不能随便进出，要求一气呵成）。进室后接种人员用 75%的酒精棉消毒擦一遍医用手套。打开电炉电源开关，预热 5 分钟（利用电炉的热量，使圆桶上方形成一个无菌区，在此区内接种，可达到了无菌操作的效果）。把原种瓶固定在接种架上，使原种瓶或原种袋口在电炉的铁桶口上并拔掉棉塞或无棉盖体。接种钩或接种勺可直接放在细铁丝网上消毒，消毒的接种钩或接种勺稍凉后，放入原种瓶或原种袋内并去掉菌种上面的老化层。把料袋放在电炉的铁桶口上面，使料袋口打开 4～5 厘米，此时，接种人员迅速钩出或挖一勺原种接入袋内（接菌时，最好选用接种勺来接种。因接种速度快，接入料袋内的菌种块、菌丝体没有被破坏，菌种在 24 小时内开始萌发并逐渐吃料、生命力强，菌种成品率高），快速把袋口顺时针拧半个劲（料袋封口）即可接好 1 袋。整个接种操作期间原种袋（瓶）口和料袋口必须在电炉铁桶口上方进行，否则易出现杂菌污染现象。照此操作直到接种完料袋为止。

③*多头酒精灯开放式接种方法*　多头酒精灯的制作，利用食用后的罐头瓶及铁盖做成的一个简易接种器，在罐头瓶铁盖上面的一圈做出 6～8 个灯头，接种时全部点燃，使酒精灯火焰形成一个小无菌区。接种室消毒灭菌及接种操作，参见“电子臭氧接种器开放式接种方法”的内容。待室内消毒后，开始接种。接种时 3 人为 1 组，同样 1 人在酒精灯火焰上方快速打开袋口直径 5～6 厘米，另 1 人迅速把原种接入料袋内并封好袋口，即接完一袋，按上述操作把全部料袋接完为止。

注意事项：接种勺经常在酒精灯火焰上消毒；料袋口和原种瓶口不要离开酒精灯火焰上方。

④*红外线灯开放式接种方法*　料袋没进接种室前，先把室内所有的杂物全部清理干净，使接种室清洁卫生。用 38° 醋精喷雾消毒接种室一遍，消毒并使室内达到无灰尘。把所

有已灭好菌的料袋、原种(瓶装菌种)和接种工具,搬入接种室内。利用接种勺接种时,把每一批所需用量的原种应事先做瓶肩炸缝处理,具体方法是,把原种瓶肩(菌种瓶料面以上瓶肩的一圈)放在酒精灯火焰上横方向烧菌瓶,烧至菌瓶达到一定热度时,快速用蘸有冷水的湿毛巾擦一下烧热的瓶肩处,使瓶肩受热处接触到冷水时,开始横方向炸裂成短缝,之后,在已破裂成短缝的后边继续用火焰烧热,再继续蘸水炸缝。按上述程序操作使瓶肩横方向裂纹炸至 2/3 时停止并备用。菌瓶外壁在没进接种室之前先用 75%的酒精棉擦洗消毒 1 次,进室后用牛皮纸或多层报纸覆盖好,开始消毒。室内消毒操作程序按上述电子臭氧接种器开放式接种方法进行。

不同之处是,待操作人员进入接种室后,打开红外线灯开关,预热 5～10 分钟,利用红外线照射热量,形成一个小范围的无菌区。同时把接种勺在酒精灯火焰上消毒灭菌后,用铁钳子夹住菌瓶口,轻轻地从瓶肩裂纹处掰下,并把碎玻璃放入废物容器中。此时,把原种瓶放在红外线灯下的接菌架上,开始接种。把消毒后的接种勺放入原种瓶内并去掉菌种瓶上面的老化层。把料袋放在接种台上的红外线灯下,袋口打开4～5 厘米,此时,接种人员迅速挖一勺原种接入袋内 ,快速把袋口拧回原位即可接好一袋。原种瓶口和料袋口必须在红外线灯下进行。一般每瓶原种可转接栽培种 25～30 袋。按照上述接种方法一直接完。接种期间应经常用酒精灯火焰消毒灭菌接种勺。原种用完一瓶后,另换一瓶时,还需用 75%酒精棉擦洗一遍,把原种瓶口掰掉后,再开始进行接种操作。

6. 栽培种立体吊袋菌丝培养新技术

(1)培养室的处理 首先把室内杂物清理干净。培养室的墙壁要求光滑平整,用石灰水粉刷一遍室内,用干木杆在培养室两侧每隔1.5米竖一根小头直径8～10厘米的立柱，每2根立柱上面搭一根粗横杆，电钻打眼并用铁丝绑紧，待培养室两边的立柱和横杆搭建好后，在每根横杆下面放数根立柱，电钻打眼并用铁丝全部绑紧，一般立柱之间距离以2米为宜。立柱和横杆全部搭建好后，在室内上方的横杆上每隔30厘米的距离放1根小细杆，之后在小细杆上每隔30厘米 拴1根细绳(吊袋专用绳)，在每根绳的18厘米处拴1根短木棒，用于吊袋备用，搭好吊袋架后，室内温度升至28℃～30℃并保温24小时，使室内所有的杂菌孢子复活。之后，用含量70%的甲基托布津，用0.1%浓度的溶液全部把室内的墙壁和菌架喷湿消毒1遍，使室内形成了一个高温、高湿的环境，此时，每立方米空间用20克硫黄烟雾熏蒸，同时用甲醛10毫升，高锰酸钾5～6克熏蒸消毒灭菌，封闭门窗12小时后，室内继续加温，快速把室内的墙壁和吊袋支架全部烘干，地面撒一层生石灰粉防潮、防杂菌。

(2)吊袋菌丝培养 料袋接完菌种后应立即装入透明的方便袋内，菌袋口朝上(每个方便袋内可装5个黑木耳栽培袋)，将装完菌的方便袋快速拎到培养室，双袋左右分别挂在已拴好的短木棒上(木棒以5厘米长为宜)，室内保持黑暗。方便袋与方便袋之间距离以5厘米为宜。发菌前1～10天内是菌丝萌发定殖期，室内温度以24℃～25℃为最宜(此期不需要通风换气，但温度不能超过30℃，因长期超温，菌丝新陈代谢加快，使料面积聚大量水珠以后逐渐转变成一层黄褐色固体物，并在此处容易形成绿霉菌)。待菌种萌发并长满料面时室内温度应升至25℃～27℃为宜，当菌丝长至2/3时室内温度应降至22℃，发菌期间每天检查1次有无杂菌出现，如发现长有红、绿、黄等颜色均为杂菌应马上移出培养室。经常往地面撒生石灰粉使室内干燥，防潮、防杂菌。待菌丝即将长满袋时，开始进入生理成熟阶段，即将由营养生长过渡到生殖生长，此时室内温度应控制在18℃为宜。要经常通风换气，使室内空气新鲜。一般35～40天菌丝可长满全袋。菌丝长满袋后不要急于割口出耳，应用温差光照刺激继续培养5～10天，使菌丝充分吃透料，积聚大量营养物质，提高抗杂菌的能力，然后再转入割口催芽出耳管理(图3-10)。

图3-10 立体吊袋菌丝培养新技术(笔者首创)

黑木耳代料栽培，培养菌丝不同的生长阶段对温度有不同的要求，应区别管理。

①前期 即接种后10天内，室内温度以24℃～25℃为宜，使接入的菌种在该温度下形成有利于菌种萌发并吃料定殖的有利条件。只有黑木耳菌丝生长优势，没有杂菌生长条件，使菌丝顺利占有培养料面。如传统的栽培种在发菌前期需要温度达到28℃～30℃，因多数杂菌孢子在该高温下萌发快并迅速污染料面，而黑木耳菌丝弱、生长慢，无法与杂菌相争，致使料袋杂菌污染高，黑木耳菌种成品率低。

②中期　即发菌10～30天，随着黑木耳菌丝生长发育，并逐渐长满料袋上部的培养基。此时，长满料面的菌丝体形成了一层防杂菌保护网，使杂菌无法侵入。因此，应把室内温度继续上升并调节至26℃～27℃（此期也是菌丝分解吸收营养能力最强阶段，呈现出舒展、旺盛、健壮、新陈代谢加快现象，袋温还会继续上升，一般袋温要比室温高出1℃～2℃），但不能超过27℃。使黑木耳菌丝快速生长吃料。

③后期　即30～45天，待菌丝长满整个料袋的2/3时，菌丝进入生理成熟阶段，即将由营养生长过渡到生殖生长。此期室温以20℃～22℃为宜。发菌期间必须掌握好温度，应在发菌室内不同部位放置几个温度计，随时观察温度的变化。在农村大多数发菌增温设施是用砖砌成的火垄和火墙。料袋在发菌期间，室内的门、窗必须挡严，使室内黑暗无光，保持室内越干燥越好，要经常往地面上撒生石灰粉，防潮和防杂菌污染。每天进行1次检查，若发现袋内培养料上，长有绿、黄、黑、红和灰白色长速特快网型菌丝等异常颜色即为杂菌。料袋有轻度的斑点杂菌，可用0.2％（含量50％）浓度的多菌灵溶液，用注射器注入患处，使患处湿透，之后针眼用胶布贴好。料袋杂菌污染严重的，特别是橘红色的链孢霉时，应用方便袋轻轻套在杂菌处，立即隔离培养室，远离培养室深埋或烧掉，以免蔓延和污染环境。菌丝培养20天后，如发现有轻度杂菌污染时，可将其拿出培养室，在低温处单独培养，单独出耳，仍有较好的产量。

为了更好地把黑木耳菌丝培养好，现详细介绍菌丝生长过程中的管理技术要点。

第一，料袋吊入培养室后1～5天，是菌丝萌发定殖时期。培养室的门、窗需遮光保持黑暗。室内温度以24℃为宜，在

27℃以下不需通风换气。每天利用臭氧灭菌器消毒 30 分钟。

第二,5～10 天,菌丝萌发并在料面蔓延生长 1～3 厘米,每天检查 1 遍是否出现杂菌,室内温度以 24℃～25℃为宜。

注意事项:检查杂菌时,菌袋要轻拿轻放,防料袋松散。室内每隔 5 天按每立方米空间用甲醛 10 毫升,高锰酸钾 5～6 克熏蒸灭菌。

第三,10～15 天菌丝呈现绒毛状,逐渐舒展接种孔外。每天检查有无杂菌,室内温度以 25℃～26℃为宜。每天通风换气 2 次,每次 20～30 分钟。

注意事项:北方地区(春耳)菌丝培养期间通风换气时,不要直接使外界冷空气进入培养室。应先封闭培养室的门窗,把缓冲室门窗打开直接通风换气30～40 分钟并关闭缓冲室门窗。待 10 分钟后,打开培养室门通过缓冲室的新鲜空气再进入培养室,保持室内有足够的新鲜空气。北方地区(春耳)菌丝培养期间,由于外界气温较低,培养室内又需较高的温度。如果直接使外界冷空气进入培养室,容易使室内拉大温差,料袋上面的培养基很快积聚大量水珠,久而久之使袋内水珠逐渐增多并转变成一层黄褐色固体物,使菌丝死亡并污染杂菌。

第四,15～25 天,菌丝蔓延孔口四周直径 8～12 厘米,每天检查有无杂菌,经常往地面上撒少量生石灰粉,室内温度以 24℃～26℃为宜。每天早、晚各通风换气 30 分钟。

注意事项:污染隔离,通风散热,保持室内干燥,室内按每立方米空间用甲醛 10 毫升,高锰酸钾 5～6 克熏蒸消毒 1 次。

第五,25～35 天,菌丝粗壮浓白,分支密集。每天检查有无杂菌。室内温度以 20℃～22℃为宜。每天通风换气 2～3 次,每次需 20～40 分钟(北方地区通风换气时,禁止通风过大、时间过长，而造成较大的温差）。注意事项：通风散热，保持空气新鲜和干燥。

第六，35～45 天，菌丝纯浓白色，菌丝以吃料 80%或菌丝长满菌袋而洁白，并有少量棕色米粒状耳基出现。室内温度以 18℃～20℃为宜。

注意事项：菌丝全部长满袋后，温度在 16℃～18℃下继续培养 5～10 天，提前见光和温差刺激，再转入割口育耳或菌袋冷冻贮存。

(3)温室大棚菌丝培养　在菌袋没上架之前，应把温室大棚内的所有杂物清理干净。温室大棚发菌应用黑色遮光塑料布围好发菌架，发菌架应选用干木杆搭建（如湿木杆搭架，在料袋发菌期间容易出现杂菌污染）。

第一，把温室大棚的温度升至 28℃以上，保温 24 小时，使棚内的杂菌孢子复活后，用 0.2%（含量为 50%）浓度的多菌灵溶液喷雾，将整个温室大棚的塑料膜及发菌架喷 1 遍，使温室大棚的塑料膜和菌架均匀湿透。此时应继续保持室温 28℃以上，空气相对湿度保持在 75%～80%，在高温、高湿条件下，每立方米空间用硫黄 20 克，同时用甲醛 10 毫升，高锰酸钾 5～6 克，分别点燃和通过化学反应等烟雾熏蒸消毒灭菌，室内门窗封闭 24 小时后，继续加温，打开门窗降低大棚内的空气湿度，使大棚内的塑料膜及菌架全部干燥，同时在发菌温室大棚的地面上撒一层生石灰粉防潮、防杂菌。

第二，把已接完菌种的料袋移入培养室的多层架上，要求料袋口朝上直立摆放，袋与袋之间不要挤得太紧，应留一定的空间以免料袋温度过高，造成菌种退化及杂菌污染。用接菌钩接种的料袋，应边上架边把接入料袋内的菌种轻轻用手摇动几下，使料袋内部的菌种块在培养基上面均匀地形成一层

(这样菌丝萌发快，抢先封满料面。减少了杂菌污染的机会，而且菌丝生长整齐，发菌快)。上架时，拧结通氧封口的料袋应保持半个劲为宜(图 3-11)。禁止拧结过多，以免料袋内部长时间缺氧菌丝生长缓慢，或菌丝停止生长及死亡。

图 3-11　菌袋拧结封口层架式菌丝培养

第三，菌袋全部上架后，前 5～10 天是菌丝萌发定殖期，室内温度以 24℃～25℃为宜，但不能超过 28℃。此期温度不超过 28℃时，不需要通风换气。菌丝生长至中期时，必须经常通风换气，此期室内温度以 25℃～26℃为宜。待菌丝长满菌袋的 2/3 时，室内温度以 20℃～22℃为宜，但不能超过 25℃。要想菌丝培养好，关键是掌握好发菌适宜条件。促进菌丝生长旺盛、生命力强、出耳势头足，这是培养优质栽培种和取得丰产稳产的重要环节。一般黑木耳从接种至菌丝长满料袋(规格 16.5 厘米×33 厘米的菌袋)需 30～45 天。菌丝长满袋后不要急于割口催耳，应在温差刺激下继续培养 6～10 天，使菌丝充分吃透料，积聚大量营养物质，以提高抗杂、抗病能力。

四、黑木耳高产优质栽培配套设施

（一）机械设备

1. 秸秆粉碎机

HLX-866 型秸秆粉碎机，主要用于加工粉碎树叶、玉米芯、豆秸秆、棉花秸秆、向日葵秸秆、芦苇等原料。该机每小时可加工粉碎 200 千克，粉碎时根据所需加工原料的粗细，可调换机内筛网眼大小，配带 11～15 千瓦电动机或 25 伏（马力）的柴油机，转速 3 000 转/分（图 4-1）。

图 4-1　秸秆粉碎机

2. 木材削碎机

HLX-826 型木材削碎机，主要用于加工各种木材及树枝丫等原料，该机入料口直径为18厘米×18厘米，一次可完成削片和粉碎过程，每小时可加工颗粒锯木屑3 000千克，配带30千瓦电动机或25～28伏（马力）柴油机，转速1 800转/分（图4-2）。

图4-2 木材削碎机

3. 拌料机

HLX-801型拌料机，主要用于各种食用菌培养基拌料，它取代了传统的人工拌料过程。该机拌料速度快，原料搅拌均匀，占地面积小，省时省工。一次可完成拌料100千克，每小时可拌料1 500千克，配带3千瓦电动机（图4-3）。

4. 装袋机

HLX-LF1型装袋机，出料口径8.5厘米，该机主要用于黑木耳、元蘑、猴头菇、平菇、滑菇、榆黄蘑等生产用直径16.5～17厘米的菌袋装料。它具有装料定位，一次可完成装料、打孔、料面压平等过程，而且装入袋内的培养料上下松紧一致。每小时装袋600～800袋，配带2.2千瓦电动机，转速1 400～2 800转/分（图4-4）。

图 4-3　拌 料 机

图 4-4　装 袋 机

(二)灭菌设施

1. 接 种 室

接种室是专门用于各级菌种接种扩大操作的无菌工作

室。内设紫外线灯、接种器、酒精灯、接种工具等(图 4-5)。

图 4-5　无菌接种室

2. 大型高压蒸汽灭菌锅

大型高压蒸汽灭菌锅,主要用于原种及栽培种培养基原料的灭菌设施,每锅可装原种瓶 1 700 瓶,栽培种 1 200 袋。该锅具有灭菌时间短,省工省时,但购置此锅价格昂贵(图 4-6)。

图 4-6　大型高压蒸汽灭菌锅

3. 常压蒸汽灭菌锅

常压蒸汽灭菌锅,多种多样,常见的有以下 3 种:即用砖、水泥、钢筋建造的土蒸锅，即用铁皮制作的常压蒸汽灭菌锅；蒸锅台是用砖、水泥建造，用大棚筒料塑料膜做灭菌舱，来完成蒸锅灭菌。每锅一次可灭菌 2 500～3 000 袋，灭菌时间较长，但培养基熟化程度好(图 4-7)。

图 4-7　常压蒸汽灭菌锅

4. 菌袋周转筐

菌袋周转筐，是专用于盛放料袋(瓶)的容器。使用菌袋周转筐可减少蒸锅摆放、出锅、搬运等繁杂过程；装筐的料袋间隙好，料袋上部不受挤压、不变形，因此灭菌效果好，杂菌污染率低。该筐一般用直径 0.8～1 厘米粗的铁丝制成，规格为长 42 厘米、宽 32 厘米、高 42 厘米的双层袋铁筐，每筐装两层，一层装 12 袋，双层装 24 袋(图 4-8)。

5. 电子灭菌接种器

双 22 (双机芯)电子接种器，它是通过高压放电，产生一种臭氧(O_3)。臭氧是一种很强的"灭菌氧化剂"，它具有极强的灭菌、消毒作用。臭氧异味分子能迅速扩散灭菌、消毒。臭

图 4-8　菌袋周转筐

氧是一种暂态不稳定的物质，在数十分钟以内自然分解还原成氧气、二氧化碳和水等无害物质，没有任何有害物质残留，不会造成二次污染。该机具有灭菌时间短、效率高、无死角、操作方便、使用费用低等优点（图 4-9）。电子接种器接种操作过程参见“栽培种接种”的内容。

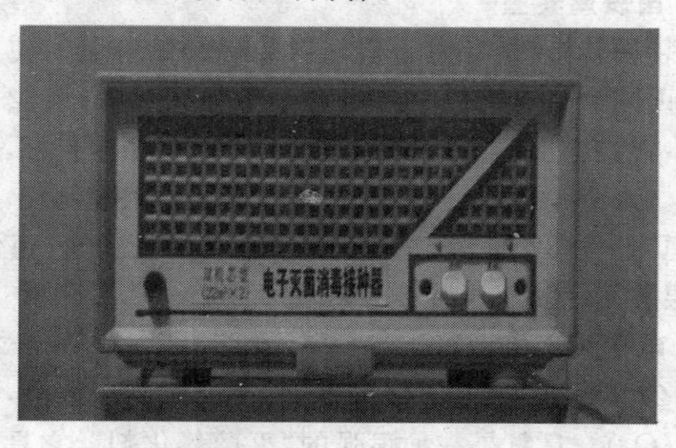

图 4-9　电子臭氧接种器

（三）喷灌设施

1. 汽油机水泵

IE40F型汽油机水泵适用于野外无电栽培区使用。它具有体积小、便于搬运、压力高、耗油少 、节省用水、使用方便等优点。该泵一次可同时带动1 333.4平方米的微喷头，可地摆2万袋（采用笔者首创的立体串袋栽培黑木耳技术，可栽培6万袋）的微喷头，使微喷头喷出的水呈雾化状，喷雾直径3～4米，是黑木耳代料栽培较为理想的喷水管理系统。该机出水口直径6厘米，扬程12米，吸程7米，流量15吨/时，配带1.18千瓦汽油机，转速5 000转/分（图4-10）。

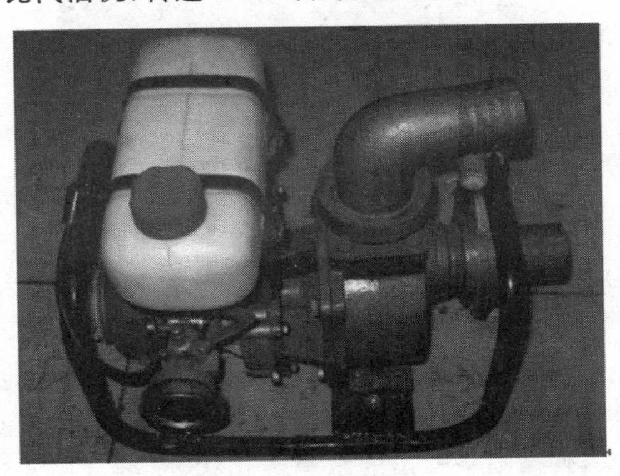

图4-10 汽油机水泵

2. 离心式清水电泵

IE41F离心式清水电泵适用于浅水并配有220伏电源的黑木耳栽培区使用。它具有体积小、出水量大、便于搬运、耗电量小等优点。该泵一次可同时带动 1 666.75 平方米的微喷头，地摆 2.5 万袋（采用笔者首创的立体串袋栽培黑木耳技术，可栽培 7.5 万袋）的微喷头，使微喷头喷出的水呈雾化状，喷雾直径 3 米。该机最大流量 22 吨/时，最高扬程 16 米，额定流量 12 吨/时，额定扬程 12 米，配带 0.75 千瓦电动机，转速 2 850 转/分（图 4-11）。

图 4-11　离心式清水电泵

3. 单相潜水电泵

QD-3×24 型单相潜水电泵适用于浅水并配有 220 伏电源的黑木耳栽培区使用。它具有体积小、出水量大、便于搬运、耗电量小等优点。该泵一次可同时带动 2 万袋的喷水量（采用笔者首创的立体串袋栽培黑木耳技术，可栽培 6 万袋）的微喷头，使微喷头喷出的水呈雾化状，喷雾直径 3 米，流量 3 吨/时，扬程 24 米，配带 0.75 千瓦电动机，转速 3 000 转/分（图 4-12）。

4. 微 喷 带

微喷带多为黑色，带口直径 3 厘米，是一种特殊加工的塑

图 4-12 单相潜水电泵

料软型喷雾带，在软带一面通过激光技术打眼而成（图 4-13）。该微喷带具有喷水雾化好、喷灌速度快、成本低、可反复

图 4-13 微喷带

使用 2～3 年、安装方便等优点。该微喷带喷出水的雾化程度决定于水泵的流量及压力大小。一般水泵压力较高时，喷出的水呈雾状，喷雾高度 1.4 米左右，宽度 3.5 米左右，每 667 平方米地需用 200 米。安装时，可直接把微喷带摆放在栽培

床中间，使喷水口朝上。每根带头安装上放水阀并接好三通，在通过总管连接到水泵后，即可通电喷浇。

注意事项：该微喷带因用水量较大，需配备较大压力水泵，水源必须洁净，否则易堵死喷口，影响正常喷灌。它费水，不适宜水源缺少的地区使用。

5. 微喷头及配套主管

微喷头是由黑色主管、细软分管、塑料喷头组合的一种微喷设施（图 4-14）。黑色主管直径 3.5 厘米，细软分管直径 0.5 厘米。该黑色主管、细软分管及塑料喷头可反复使用 5～

图 4-14 微喷头及配套主管

7 年，它具有喷水雾化好、省水、安装方便等优点。一般 QDX3-2 型单相潜水电泵 1 次可同时带动 1 333.4 平方米的微喷头，地摆 2 万袋，使微喷头喷出的水呈雾化状，喷雾直径 3 米。每 667 平方米地需用黑色主管 200 米，需 50～80 厘米的细软分管 76 根，塑料喷头和塑料底座 76 套。安装时，把黑色主管每隔 2.5 米处打 1 个细孔并分别插好分管和塑料喷头，之后把塑料喷头提到所需的位置并固定。在每根黑色主管头安装上放水阀并接好三通，在通过总管连接到水泵后，即可通电喷浇。

注意事项：该微喷头和微喷带用水量相反，它具有用水量较小、雾化细等特点，适宜水源缺少地区使用。但喷浇黑木耳管理时，应延长喷雾时间，否则子实体不易喷透。

6. 塑料白龙软管及喷灌总管

塑料白龙软管，管口直径 10～12 厘米，耐磨、耐压力、抗老化。它主要用于山区 10°以上的坡地，通过该管引水，形成落差和压力后，用于黑木耳喷水管理，它无须电源、水泵等设施，24 小时有水，是山区栽培黑木耳的一种较经济的引水方法。喷灌总管主要用于微喷头或微喷带等接头至水泵之间，必须是耐压力的软管(图 4-15)。

图 4-15 白龙软管及喷灌总管

7. 遮阳网

黑木耳代料栽培，选用遮阳网(黑色)代替传统的草帘子遮盖菌袋。可 1 次投资多年使用，它既能做栽培遮盖物，又能代替晾晒黑木耳所用的窗纱，遮阳网无杂菌污染源，具有管理方便、耐老化、通气性好等优点。袋栽黑木耳根据不同的栽培方式，可选择不同宽度的遮阳网。一般多选用宽 2～3 米，遮阳度 70%～85%，长根据栽培床长短而定。每万袋地摆黑木耳需遮阳网 400 米；利用立体串袋栽培新技术，3 万袋也只需遮阳网 400 米（图 4-16）。

图 4-16 遮 阳 网

五、优质黑木耳高产栽培管理新技术

（一）出木耳前的管理技术

1. 黑木耳代料栽培出耳季节的安排

黑木耳代料栽培季节，我国各地地理状况复杂，加之各地所处的海拔和纬度不一，气候差别甚大。因此，在生产季节上，必须因地制宜，根据当地具体气候，按照黑木耳菌丝生长和子实体生长发育所需要的温度及环境条件，妥善合理地安排使人工控制小气候与大自然相结合。黑木耳代料栽培一般每年可安排春、秋两批菌种生产及两潮出耳管理。

(1)东北地区 以黑龙江省牡丹江地区气温为准。

①春季制种 从当年 11 月初至翌年 2 月 15 日开始培养栽培种；4 月 20 日至 4 月末（一般夜间平均气温稳定在 0℃以上）开始割口育耳管理（栽培数量较大还应提前制菌）。原种生产以栽培种生产时计算，倒计时 45～50 天制种。

②秋季制种 从 5 月初至 5 月中旬开始培养栽培种；7 月至 8 月 1 日室内或室外割口育耳管理（秋季割口育耳不能晚于 8 月 10 日，否则秋耳长不大，还未采收即进入冬季）。待耳芽全部形成后，即可室外分床栽培出耳。原种生产以栽培种生产时计算，倒计时 45～50 天制种。

③晚秋反季节制种 从 7 月 1 日开始培养菌袋；9 月 1 日开始割口育耳，待耳芽全部长出袋外后，自然冻结或下雪覆盖菌袋越冬，翌年早春栽培管理。

(2)华北地区 以河北省中部气温为准。

①春季制种 宜于12月中旬至翌年1月初开始培养栽培种(栽培数量较大还应提前制菌);3月中旬至4月初开始割口育耳管理。原种生产以栽培种生产时计算,倒计时45~50天制种。

②秋季制种 宜于6月中旬至7月初开始培养栽培种;8月中旬至9月末室内或室外割口育耳管理。原种生产以栽培种生产时计算,倒计时45~50天制种。

(3)西南地区 以四川省中部气温为准。

①春季制种 春季宜于2月初至3月中旬开始培养栽培种(栽培数量较大还应提前制菌);3月中旬至4月末开始割口育耳管理。原种生产以栽培种生产时计算,倒计时45~50天制种。

②秋季制种 宜于7月初至8月上旬开始培养栽培种;9月中旬至10月初室内或室外割口育耳管理。原种生产以栽培种生产时计算,倒计时45~50天制种。

(4)长江以南 以多省春季制种气温为准。

①春季制种 宜于12月中旬至翌年2月初开始培养栽培种(栽培数量较大还应提前制菌);2月中旬至4月初开始割口育耳管理。原种生产以栽培种生产时计算,倒计时45~50天制种。

②秋季制种 宜于8月下旬至9月末开始培养栽培种;10月初至11月末室内或室外割口育耳管理。原种生产以栽培种生产时计算,倒计时45~50天制种。

2. 出木耳床(棚)场地的选择及搭建

(1)倒袋地摆栽培场地选择及搭建 应选择地面平整,阳光充足,水源洁净充足,地块不存水,无洪水漫延的地块。提前搭建栽培床，一般地摆栽培床以宽 1.5～2 米为宜，长度以 50 米为宜，也可根据栽培场地大小而定栽培床的长短。搭建栽培床时，地床面要求高出地面 10 厘米为宜，地床中间应略高出两边。栽培床之间都留有 30～40 厘米宽的排水沟，沟深以 10 厘米为宜。留沟目的是当菌袋割口育耳时，可便于往地沟放水保持菌床内部的空气相对湿度，高温时还能快速达到降温目的。东西方向做床，待栽培床搭建后备用。一般倒袋地摆 1 万袋（菌袋规格 16.5 厘米×33 厘米），占地面积约 667 平方米（图 5-1）。

图 5-1　倒袋地摆栽培床

(2)野外棚式立体吊袋栽培场地选择及搭建　应选择地面平整，阳光充足，水源洁净充足，地块不存水，无洪水漫延的地块。首先搭建一个宽 6～8 米，长 13～15 米，中间立柱高 3 米，两边立柱高 2.5 米的立体吊袋简易栽培棚。搭建时，先把简易栽培棚两边的立柱每隔 2.5 米左右对齐挖坑立放，并用木棍“×”形钉牢拉紧。之后在栽培棚两边已埋好的立柱上面，用横木杆连接固定并绑紧。栽培棚中间应留一条人行管理道，宽以 1 米为宜（用于栽培期间喷水管理）。在人行道两边每隔3米左右顺着人行道两边的方向，立起同四周等高并绑紧对齐的立柱。在固定好的架子的最上面，每隔30厘米放一根细木杆或用10号铁丝代替，铁丝两头必须固定在大棚两头的木杆架子上。待简易栽培大棚框架搭建完毕后，棚顶上部覆盖一层塑料膜。之后，把简易栽培大棚顶部及四周全部用遮阳网或草帘遮挡用于吊袋备用。棚式立体吊袋，一般长15米、宽6米、高2米，可吊1万袋。

(3)立体串袋栽培场地选择及搭建 应提前做好栽培床，床宽以1.5～2米为宜，东西向做床，长度以50米为宜。需准备长70厘米、直径2.5～3厘米的枝条或细竹竿3 400根，枝条或细竹竿要求光滑，两头均削成尖，放入浓度0.2%(含量50%)多菌灵溶液或10%的石灰水中浸泡24小时后，捞出晒干备用。一般栽培1万袋需占地222.3平方米，即每667平方米可栽培3万袋。

3. 菌袋割口新方法

目前，我国黑木耳代料栽培主产区，割口方法很多。多年来，笔者通过多种割口方式的实际经验证明，不同的割口方式和菌袋割口数量多少，均影响着代料栽培黑木耳出耳快慢，耳朵大小，是否能顺利开片，产量高低，质量优劣或流耳、烂耳等。现介绍以下几种菌袋割口方法。

(1)长竖条间隔“品”字形口 以16.5厘米×33厘米的栽培袋为例：该割口方式每个菌袋需割10～11个长竖条间隔“品”字形口，割口深度以0.4厘米为宜，要求割口窄而浅，即割透菌袋并稍割破菌丝膜。其中袋底割1个3.5厘米的长形口(气温较高育耳时，菌袋底部禁止割口)。即用无菌刀片从菌袋底部开始，顺菌袋割口至菌袋总长的一半停止。每个菌袋的上半部和下半部按“品”字形均割5条长竖条口，靠袋口一面的菌袋割口时，不要割到袋口，应留有2厘米，以免靠地面杂菌污染。该割口方法具有操作速度快，出耳分片快、通气性强，子实体生长期由于上下水分一致，使耳朵生长大小均匀且分片快，耳根小，不易流耳烂耳，产品质量好等优点（图5-2）。

1　　　　2　　　　3

图5-2　菌袋割口方法

1. 长竖条间隔品字形　2. 漏斗品字形　3. 微圆口品字形

(2)微圆"×"字形口　该割口方法人工控制出耳，具有出耳呈单片形，耳根特小、鲜耳最大直径6～7厘米，干品3.5～4厘米。用此割口方法栽培的黑木耳产品外形大小均和野生或段木栽培耳接近，但产品质量及营养成分均优于野生耳或段木耳。而且该产品每500克售价达40～60元。以16.5厘米×33厘米的栽培袋为例：首先制作一个宽4厘米，长20厘米的厚铁片，在铁片的一头焊上圆把手，另一头最前端焊一根直径0.9厘米，长1.5～2厘米的圆铁丝（圆铁丝在没焊接之前，需把一头打磨成四棱状尖），每个铁片上需焊6根圆铁丝，铁丝与铁丝之间距离以3厘米并交叉式焊，用于菌袋打孔之用。每个菌袋需打 60 个微圆形“×”字形口，打口深度以 0.6～1 厘米为宜。

(3)漏斗“V”字形口 该割口方法最大优点是出耳呈朵形。首先制作一个(宽)5 厘米×(厚)4 厘米×(长)30 厘米的木方，在木方一头制作成圆把手，另一头前端以木方的中心点计算，用细铁锯条截成角度以 45°～60°的漏斗“V”形口槽并在每个木槽内安装上 2 个锋利刀片，每个刀片的长度均为 2 厘米，刀片高度应超出木方的 1.5 厘米为宜。每个木方上需安装 3 个交叉式漏斗“V”形刀片，刀片与刀片之间距离以 7 厘米为宜。该割口方式以 16.5 厘米×33 厘米的栽培袋为例：每个菌袋需用专用漏斗“V”形打孔器，使每个菌袋拍口 12 个，袋底需割 1 个 3.5 厘米的长形口(气温较高育耳时，菌袋底部禁止割口)。割口深度以 0.4 厘米为宜，每个割口总长度 4 厘米。要求割口窄而浅，即拍透菌袋并稍破菌丝膜即可。该割口方法，每个菌袋割口数量按上述进行，千万不能超过上述割口数量；反之，耳朵生长小，不开片，耳根大，耳根处通气性较差、易细菌感染，使耳根变红，易造成流耳、烂耳、霉菌污染等现象。

特别注意：割“V”字形口出耳的菌袋，袋与袋之间的距离必须加大空隙，以 20～25 厘米为宜。中后期应加强通风换气，避免木耳不开片、大量弹射孢子及流耳、烂耳。

(二)黑木耳高产栽培管理新技术

黑木耳代料栽培管理，无论是林间地摆、立体吊袋、野外大地倒袋地摆、挂袋或立体串袋等管理方式。在出耳管理期间必须注意保湿、通风、温度适宜。下面详细介绍 6 种出耳期间的科学管理方法。

1. 全光照开放式倒袋地栽管理技术

全光照开放式倒袋地栽黑木耳，利用自然条件，无须加盖任何遮阳物，使菌袋在全日光照射下开放式栽培管理。该管理方式具有投资少、工序少、空气新鲜、杂菌污染少及子实体色黑等优点。

(1)集中育耳期的管理方法

①*室外集中育耳方法*　在未摆袋之前，每隔1个菌床分别进行集中育耳，以便于分床操作。每个育耳床中间应分别放上1条20厘米宽的长塑料膜，在塑料膜上面分别放1根微喷管或微喷带，出水口朝下摆放。之后，用0.2%(含量50%)浓度的多菌灵溶液或用0.1%(含量70%)浓度的甲基托布津溶液喷洒1遍，使育耳床面湿透消毒灭菌，稍干后再撒一层石灰粉。此时，开始袋口朝下摆放在育耳床上面，袋与袋之间距离以25厘米为宜。待每床菌袋摆完后，用喷雾器装0.1%(含量70%)浓度的甲基托布津溶液，喷洒1遍摆放在菌床上的菌袋，使菌袋外部喷洒均匀。喷雾的目的是为了消毒或冲洗菌袋外部的杂菌孢子，消毒后菌袋表面减少了杂菌孢子数量，使割口后的菌袋不易沾染杂菌。

割口工具可用剃须刀片，把刀片固定在软木棒中间并在木棒前端削成一个斜面，以便控制刀片的深浅度。割口深度不宜太深或太宽，以免严重破坏菌丝体，影响出耳率及采收时木耳带培养基。割口深度以0.4厘米为宜，即把菌袋膜割透并稍破坏点菌丝为宜。割口刀片应在上述药液中消毒，但割口时，必须把刀片上的药液甩净。割口方式很多，根据栽培者需要可按上述菌袋割口新方式任选一种，下面以长竖条间隔“品”字形口菌袋割口为例：每个菌袋(规格16.5厘米×33厘米)需割 10 条长竖条“品”字形间隔口,袋底中间割 1 个 3.5 厘米长的短条口,此口长度不能小于 3.5 厘米。否则,割口处虽然能形成黑木耳原基,但子实体很难长出袋外(目前各地栽培时菌袋底部不割口,因此,每万袋减收 3 000 余元)。当菌袋消毒并稍干后,应随割口随摆袋,袋与袋之间距离为 2～3 厘米并集中育耳。割完口的菌袋要求随摆袋随手在菌袋上面盖上塑料膜,塑料膜上面盖上遮阳网(图 5-3),并在育耳床两边用土压实(盖塑料膜和遮阳网的上下位置应根据气温高低而定,育耳期间如东北地区早春育耳栽培,由于气温较低达不到原基形成所需的温度。此时,遮阳网应先放在菌袋的上面,然后把塑料膜放在遮阳网上面,通过阳光照射塑料膜使育耳床内增加温度。育耳期间温度较高时,应先把塑料膜放在菌袋的上面,然后把遮阳网放到塑料膜上面并用水喷洒遮阳网,使育耳床内迅速降低温度)。待育耳床菌袋全部摆放完毕并盖好塑料膜和遮阳网后,连接好每个育耳床上的微喷管或微喷带接头,开始往育耳床内浇水管理。同时把育耳床两边的浅地沟每天放满洁净的水,地沟存水的目的是保持育耳床内的空气相对湿度,又能起到育耳床内降温的效果。

育耳管理期间,育耳床内应经常浇水保湿,根据天气变化情况来灵活掌握浇水次数。一般菌袋割口后的 3～4 天,育耳床内不需浇水,4 天后必须往育耳床内浇水。阴天或温度较低时,每隔 1～2 天往育耳床内浇 1 次水;阴雨天每隔 2～3 天往育耳床内浇 1 次水;连续晴天或风大干燥天气,每天早、中、晚必须往育耳床内各浇 1 次水,以湿透床面为止(此期往育耳床内浇水时,禁止往菌袋上喷水,以免割口处杂菌污染)。使育耳床内空气相对湿度保持在 80%～85%。在这种条件下黑木耳原基形成快而整齐。

图 5-3　塑料膜上面盖遮阳网集中育耳

东北地区早春育耳栽培，从 4 月 15～20 日可开始割口集中育耳。即外界夜间平均温度在 0℃以上，开始割口育耳。此期白天最高温度基本在 10℃～12℃，白天通过阳光直射到塑料膜上面，使床内温度提升至 15℃～17℃，达到了黑木耳原基形成的最佳温度。此期因夜间温度快速下降，自然拉大温差，加之育耳床内空气相对湿度保持在 80%～85%，也有利于黑木耳原基的形成。上述季节育耳管理的优点是：原基形成快，子实体黑厚，杂菌污染率低，采收早，产品质量好。

菌袋割口 4～5 天是割 口外菌丝愈合期，此时育耳床内温度不超过 26℃不需通风换气。5 天后，每天早、晚应把育耳床上面的塑料膜，在育耳床一边每隔 2～3 米处掀开 0.5～1 米长的通风口，各通风换气 1 次，每次 30～60 分钟。10 天后晚上应经常把所有育耳床上面的塑料膜和遮阳网掀开，加强通风换气，使夜间的雾气自然湿润育耳袋，加快原基形成。翌日早晨再重新盖上遮阳网和塑料膜。中午育耳床内温度如超过 26℃，应打开菌床两边的塑料膜通风换气，并往塑料膜上面和育耳床两边的地沟放水，既能保湿又能使育耳床内温度迅速降低。按上述管理，一般早生品种 4～6 天，中晚生品种 12～15 天，黑木耳原基可全部形成。此时，应把育耳床内的空气相对湿度提升至 90%以上，加强通风换气，待子实体长至 1 厘米时，开始菌袋分床栽培管理。

长江以南地区：在育耳时菌袋上面盖上塑料膜，育耳床两边每隔 3～4 米插 1 根细木棍，木棍长度以 1.2 米为宜，在木棍上面放上遮阳网并绑紧，温度较高时，可向遮阳网上面喷水降温育耳，该方法具有育耳床内保湿、中部通风、上部遮阳降温等优点。

②**室内集中育耳方法** 该育耳方法适宜层架式培养室，东北地区早春室内集中育耳，一般在 4 月初开始割口育耳管理。它具有保温、保湿性好，育耳整齐，可提前栽培和采收的特点。因利用室内保温、保湿的有利条件，使菌袋割口提前原基形成。待外界温度达到黑木耳的需求时，即可摆袋或用其他方式栽培管理。

此时菌袋栽培管理，由于缩短了室外育耳期的时间。在整个栽培管理期间遇不到高温及连雨季节，使黑木耳顺利成熟并采收及晾晒。避免黑木耳流耳、烂耳及耳片晾晒质量差等现象，它是一种黑木耳丰收、稳产的栽培方式。

室内集中育耳时，先将地面用 3%浓度的来苏儿溶液消毒 1 次，之后把培养室门窗上的遮阳物全部撤掉，使室内达到有足够的散射光时开始菌袋割口育耳。割口刀片消毒及割口方法等请参见室外集中育耳方法。割口应在层架的一头开始，割完一袋后，再放回层架上，割口后的菌袋与菌袋之间的距离为 2 厘米。室内温度以 16℃～20℃为宜，空气相对湿度以 80%为宜，待培养室内的菌袋全部割口后即进入育耳管理期。此期，割口后的菌袋，在前 5～6 天内，室内湿度不超过

24℃不需通风换气，使割口处受损伤的菌丝重新愈合。6天后每天开门、开窗各通风换气2～3次，每次通风换气20～30分钟。此期割口后的菌袋由于新陈代谢加快，易使室内温度快速升高，因此，应特别注意室内温度的变化，温度以18℃为最佳，禁止温度连续超过25℃，因长时间温度过高，使菌丝严重退化，易在菌袋上部产生较多的积水并逐渐转变成黄褐色固体物，使该部位形成霉菌污染。割口处易形成厌氧性细菌，并出现褐泌素，导致栽培管理时耳芽形成少，产量低等后果。10天后加大室内通风换气，并保持室内的空气相对湿度。此时应用洁净布条沾有2%来苏儿溶液，挂放在室内的线绳上，使室内空气相对湿度达到黑木耳原基形成所需的最佳湿度，待原基全部形成后即可室内栽培管理。

(2)全光照开放式栽培管理方法 待集中育耳子实体长至1厘米时，开始把育齐耳的菌袋分床栽培。分床时，每个栽培床都必须消毒1次，方法同前。把菌袋口朝下摆放，袋与袋之间距离为20～25厘米，行与行之间距离以25厘米为宜，摆袋时应按“品”字形排列，栽培床中间应留25厘米宽地面不摆袋，用于摆放微喷带。原育耳床内的微喷带，此时应把喷水口调至往上喷。按上述操作方法，一边铺塑料膜和放微喷带，一边摆放菌袋，每摆满一床栽培袋，往栽培袋空隙处撒一层松树针或树叶(栽培袋空隙撒松树针或树叶的目的是，在栽培管理喷水时，地面的泥土溅不到木耳上，采收后耳片特别干净，质量好，售价高。菌袋空隙撒松树针效果最佳，它不但起到上述作用，而且起到抑制菌袋的杂菌污染作用)。待栽培床全部摆完菌袋后，把每床的微喷带接头，全部安装并对接封闭好，开始利用磁化水喷浇。磁化器制作参见“林地仿野生菌袋地摆栽培管理方法”进行。

前期喷水管理时，因子实体较小，保湿性差，喷水时应勤喷细喷，加大水泵压力，使喷水带喷出的水呈雾状为最佳，但喷水不要过大过长，以免原基破裂而造成流耳现象。此期空气相对湿度应保持在 90%，使子实体快速生长。随着子实体生长增大，喷水量也随之加大。温度以 20℃～25℃为宜，待子实体长至 2～3 厘米时，用 0.3%浓度的食盐溶液均匀地喷到子实体上。每隔 5 天喷 1 次，每次喷洒需在傍晚最后 1 次停水时进行。喷洒食盐溶液的目的是预防子实体流耳、烂耳，增加子实体厚度。

喷水管理时不一定要按规定次数去做，应灵活掌握喷水量，阴天少喷，晴天、风天应多喷，雨天少喷或不喷，无论每天喷多少次水，只要保持栽培床内的空气相对湿度不低于 90%，即用眼观看耳片全部平展，有水的光泽湿润感即达到喷水最佳标准。在喷水管理期间，如果出现子实体停止生长，原因是连续喷水过大，袋内菌丝缺氧造成暂时性的营养供应不足，致使子实体停止生长。此时应停止喷水，菌袋在阳光下暴晒2～3 天，使菌丝重新愈合复壮后，再继续喷水管理，即可恢复正常生长。目前，各地黑木耳栽培户出现子实体停止生长时，不了解停止生长的原因，误认为喷水过小造成子实体停止生长，继续加大喷水量。一般出现子实体停止生长后，如果再继续喷水4～5 天，将会使大面积子实体出现流耳、烂耳和霉菌污染，甚至造成整批绝产。

当耳片逐渐长大(耳片长至 3～4 厘米时)，耳片肥厚，每天应加大足够的喷水量，要求勤喷、细喷，即喷水 40～60 分钟，停止喷水 30 分钟，再继续喷水 30 分钟，停水 20 分钟后，然后第三次喷水 60～90 分钟，使栽培床内空气相对湿度达到 90%～95%、温度以 20℃～25℃为宜。按上述喷水管理加快耳片及耳根处的水分浸透，有利于子实体的迅速生长。喷水管理时，禁止连续2～3小时的1次性喷水管理方式，因此喷水方法虽然感官上看耳朵或耳片已吃透水分，但往往耳根处没有达到所需的生长水分。久而久之，由于耳根处长时间水分达不到子实体所需的水分，加之耳根处长时间处于缓慢生长状态，又在阳光下长时间照射，使靠近袋内耳根处形成高温环境，致使菌袋内部营养供应不能满足子实体的生长。因此造成耳根变红，出现子实体停止生长，流耳、烂耳和真菌污染等现象。

笔者总结多年的实践经验，春栽黑木耳生长期间，白天子实体生长缓慢或几乎停止生长，夜间有利于子实体生长，而且生长速度快。因此，白天喷水应保持耳片不卷边，夜间应加大喷水量。当耳片伸展开片后，应注意气温的变化，如白天温度连续超过28℃时，应停止喷水，使耳片自然快速晒干（特别中午气温最高时），待下午温度降至26℃以下时，再开始喷水管理。晚上应多喷水，一般按间隔式喷水至21时左右，翌日早晨2～5时按间隔式喷水管理进行，5时以后至当天下午温度降至26℃以前，禁止喷水管理，任其子实体快速干透（此喷水管理技术，避免了各地多年来，解决不了的普遍难题，即空气连续高温、高湿时，易造成大面积流耳、烂耳、菌袋污染及导致整批菌袋栽培失败等现象）。黑木耳的生长条件，需要干干湿湿交替式喷水管理，才能顺利生长，即喷水管理时，要求间隔式喷水，要喷就必须使耳片及耳根全部喷透，不喷就使子实体全部干透。开放式地摆栽培黑木耳，由于阳光照射，使紫外线可抑制菌袋上的杂菌孢子萌发，栽培成功率极高。

总之，在栽培喷水管理期间，喷水量应以耳片平展、不卷边、有光泽湿润感就不需喷水。全光照开放式栽培黑木耳，一般从原基形成至采收需要栽培管理60～75天。待木耳长至中后期(即采收期)时,遇有连阴雨天气应在栽培床两头的中间,各埋1根1.5米高的立杆,在立杆上方用尼龙绳绑好,拉紧后再绑在另一头的立杆上。之后,在绳子上面放好塑料膜,塑料膜宽度要能遮盖到栽培床两边,并用石块或土压实,防止风大刮走塑料膜,停雨时应每隔一段距离,用木棍支起塑料膜,加强通风换气。此方法,雨水浇不到子实体上,塑料膜两头始终通风换气,避免了已成熟的木耳造成流耳、烂耳及品质下降和大量损失等严重后果。待耳朵或耳片全部伸展后,耳根收缩由粗变细,木耳生长至八成熟时采摘(此时的黑木耳,耳片黑厚,品质好,木耳重量增加。如木耳过熟采收,耳片特薄,晾晒时,耳根易腐烂,品质低)。采收时应提前1～2天停止喷水。选择晴天集中人力,抢摘采收黑木耳。

注意事项:全光照开放式栽培管理,菌袋上面没有任何阳物,菌床内保湿性差,栽培时间长。因此,喷水管理时应保持足够的保湿环境,尽可能缩短周期,避免耳片过薄(重量降低),大量弹射孢子,降低产品质量及销售价格。

2. 林地仿野生菌袋地摆栽培管理技术

(1)林地集中育耳期的管理方法 利用林区的自然条件,林地摆放栽培黑木耳,具有成本低、空气新鲜、杂菌污染少、空气湿度大和自然遮阴等优点。

首先应选择坡度较小,林地无小树,以6阴4阳的栽培场地(不要选择遮阴超过70%以上的林间,因栽培后期没有足够的光线照射,不利于通风换气,易产生流耳、烂耳及杂菌污染),把林地间的杂草清理干净。场地用0.1%(含量70%)浓度的甲基托布津溶液喷洒一遍后,开始顺林间坡形摆袋并割口育耳(林地间栽培不需做栽培床,因有坡度,栽培喷水时,水能顺坡流走)。待场地全部整理好后,按全光照开放式倒袋地栽管理技术一节进行菌袋消毒、割口。割口后顺坡倒袋地摆,摆袋时应每隔1.9～2.4米处摆放一床菌袋(每床摆袋宽度以1.5～2米为宜)。袋与袋之间应留3～4厘米的距离并集中育耳。摆完一床后,菌袋上面盖上塑料膜保温、保湿,林间育耳无须盖其他遮阳物。

菌袋割口前4～5天不需通风换气,5天后,晴天应每天通风换气2～3次,阴天应加大通风换气量。每天在菌床坡度高的一面往地面浇水,使水顺坡流进菌床内并湿透育耳床,浇水时禁止把水直接喷到菌袋上面。一般每天早、中、晚往地面各浇1次水,如风大天气干燥时,应多浇几次水,阴雨天应少浇水或不浇水,育耳床内的空气相对湿度应保持在85%。由于林地间昼夜温差大,早晨及夜间雾气较大,白天应人工浇水保湿。菌袋割口8～10天后,傍晚把育耳床上面的塑料膜全部掀开,使雾气自然落到菌袋上面。阴天静风时应经常在白天打开塑料膜,并往地面上浇水、保湿。

按上述程序管理,一般从菌袋割口至原基全部形成,中晚生品种需13～17天,早生品种需6～8天。待原基全部形成后,开始分床栽培管理。

(2)林地仿野生菌袋地摆栽培管理方法 当集中育耳子实体长至1～2厘米时,开始分床栽培管理。在菌袋没分床之前,应先把栽培床消毒1次,消毒方法参见"全光照开放式倒袋地栽管理技术"的内容。栽培床消毒后,即可分床。菌袋应顺坡倒袋地摆,每床摆袋宽度以1.5～2米为宜,栽培床与栽培床之间应留40厘米距离的栽培管理道,便于人工管理和安装摆放微喷带。摆袋时应按品字形排列,袋与袋之间的距离不能小于25厘米,摆完一床后,应往栽培袋空隙处撒一层松树针或树叶。待菌袋全部分床后，在每个栽培床边的管理道中间各安放1根微喷带，使喷水口朝上，微喷带长度应比栽培床高出10～20厘米。待微喷带全部安装完后，把每个栽培管理道中安装的微喷带接头分别安装在直径为5厘米的耐压力总管上(在每个栽培床的微喷带接入总管处分别安装上放水阀，便于控制每个栽培床的喷水管理)。总管接头安装在事先制作的磁化铁筒出水口上。

制作磁化筒时，铁筒分成两段，每段长15厘米，筒口直径20厘米，铁筒两段的中间安上橡皮垫圈和过滤网并合拢用螺丝固定拧紧。两个铁筒中间分别焊接一个放水阀(用于排放筒内的杂物)，铁筒两边分别焊接一个进水口和出水口，出水口直径4厘米，进水口铁圆筒直径为10～12厘米，长为25厘米，在出水口铁圆筒相对的两面分别安装上数块磁铁并用编织袋包好。出水口铁圆筒前端10厘米无须安装磁铁块，用于安装塑料总管之用(磁化水的作用是加强细胞膜的透性和提高酶的活性，增强对营养物质的吸收、积累，促进菌丝生长，提高黑木耳产量)。长期喷雾可使耳芽增多，促使耳片增大，可增产20%以上。

山区林地栽培黑木耳，利用山坡优势在上游选好山泉水源并筑成简易拦水坝，在水坝中间安装1根直径为10～12厘米，长为1.5～2米的厚塑料管，安装高度以塑料管口离坝底60厘米为宜。靠坝有水的那一面塑料管口用6～8层细纱网包住并用绳绑紧。另一头连接到直径10～12厘米，耐压力的白色塑料软管总管上；总管出水口安装到磁化筒进水口上，磁化筒出水口接好直径4厘米粗的白色塑料软管后(该喷灌系统具有投资小，无须电源、水泵等设备，水源充足，24小时随时可用。利用林地坡度形成较大的落差，使白色塑料软管中自然形成较强的压力，带动每个栽培床边的微喷带，使喷出的水呈雾化状），应顺山坡从上至下，直接摆放到黑木耳栽培场地。白色塑料软管总管的长与短，应根据林地坡度大小而定。一般林地坡度在10°～15°时，总管长度需100～150米；坡度在20°～25°时，总管长度需80～100米；坡度在35°以上时，总管长度需50米。因此，林地栽培黑木耳时，应根据林间坡度大小选择水源，再安排出耳场地。这样，有利于节省资金的投入。

打开放水阀即行开放式喷水管理，此期栽培床的空气相对湿度保持在90%～95%，使子实体快速生长。随着木耳生长增大，喷水量也随之加大。待木耳长至2～3厘米时，用0.3%浓度的食盐溶液均匀地喷至木耳上。每隔5天喷1次，每次喷洒需在傍晚最后1次停水时进行。喷洒食盐溶液的目的是预防木耳流耳、烂耳，增加木耳厚度。

温度以18℃～26℃为宜，林地喷水管理时应灵活掌握喷水量，前期应勤喷，多喷。当耳片长至4厘米以上时，每天应加大通风换气，减少喷水次数，保证菌床上的木耳与木耳之间有足够的通风量。这不仅有利于黑木耳顺利生长，而且是避免流耳、烂耳及霉菌污染的有效措施。总之，林地仿野生菌袋地摆栽培黑木耳管理，在栽培管理中后期，喷水量宜小不宜大，应增加通风换气时间，以防耳片腹面弹射孢子，使木耳停止生长，造成流耳、烂耳等现象。一般从原基形成至采收需45～70天。当耳片全部伸展上翘，耳片由深变浅，生长至八成熟时，应停止喷水管理。选择晴天采收黑木耳。

3. 野外大地遮阳网交替式栽培管理技术

(1)野外大地集中育耳期的管理方法 利用野外大地的自然条件，遮阳网交替式栽培黑木耳，具有出耳快而整齐，耳片厚而大(与传统的栽培方式相比,该栽培方式生长的黑木耳厚度超过传统栽培的 3 倍),空气新鲜,遮阴降温,栽培周期短,子实体阴阳面层次分明,色泽黑亮,产品质量好等优点。在未摆菌袋之前,育耳床消毒、菌袋消毒处理、割口工具、割口方式、割口深度及育耳期的喷水管理等方法请参阅上文中的“集中育耳期的管理方法”的内容。

(2)野外大地遮阳网交替式栽培管理方法 当集中育耳子实体长至 1～2 厘米时,开始分床栽培管理。在菌袋未分床之前,先在栽培床边的地沟里每隔一个地沟安装摆放 1 根直径 3.5 厘米粗的黑色塑料管,塑料管长度比栽培床的长度应长出 30～50 厘米。之后,在塑料管上面每隔 2.5 米处打 1 个细圆孔,在细圆孔上安装出水锁口底座,并在锁口座上安装 1 根 50 厘米长的细塑料软管并安上微喷头(每个喷头喷水直径可达 3 米)。同时,在塑料管打孔处插 1 根和细塑料软管等长的细木棍或细铁丝,并把细塑料软管往上提起,离栽培床面 50 厘米高,把喷头上的固定眼插入细木棍或细铁丝上并用线绳固定绑紧。待微喷头全部安装完后,把每个地沟的黑塑料管接头分别安装在直径 5 厘米粗的耐压力总管上,总管接头安装在事先制作的磁化铁筒出水口上。

制作磁化筒时,按照“林地仿野生菌袋地摆栽培管理方法”进行。不同之处是,磁化筒两边的进水口和出水口分别焊 1 个直径 4 厘米的铁管。根据水源的远近另加一根总管,分别安装在磁化铁筒的进水口上和水源中的压力水泵上。先把栽培床消毒 1 次,消毒方法参见“全光照开放式栽培管理方法”的内容。栽培床消毒后,把每个集中育耳床上面的菌袋,分成 2 个栽培床。使菌袋口朝下摆放,袋与袋之间的距离为 20～25 厘米,摆袋时应按品字形排列。每摆满一床栽培袋,需往栽培袋空隙处撒一层松树针或树叶，也可事先在栽培床上铺放一层打孔地膜或编织袋。在栽培床两边每隔 3～4 米插 1 根 3～4 厘米粗的木棍，木棍长度以 0.9～1.2 米为宜。之后在木棍上面放上遮阳网（遮阳度 85%）并绑紧，使栽培床内人工控制形成一个底部喷水保湿、中部通风、上部遮阳降温并保湿的有利环境。待栽培床全部摆完菌袋并插棍绑好遮阳网后，开始喷水管理。

整个喷水管理期间，要求水源洁净无污染，水源要求越凉越好，黑木耳生长需要温差刺激，才能使其生长速度快，耳片厚大，杂菌污染率低。无论用哪种方法栽培黑木耳，应禁止使用挖坑贮存水和晒水的做法，因贮存的水和晒水在长时间阳光照射下提高了水温，易形成大量微生物繁殖。此期，如遇有高温天气，加之使用微生物繁殖较多及温度较高的水，人为地使栽培床内自然形成高温、高湿的条件，在这种条件下连续喷水5～6 天后，黑木耳耳片腹面很快便会弹射大量孢子并停止生长，如再继续浇水，可造成大面积流耳、烂耳及霉菌污染。

前期喷水管理时应勤喷、细喷，使喷出的水呈雾状为最佳。随着木耳生长增大，喷水量也随之加大。待木耳长至2～3 厘米时，用 0.3%浓度的食盐溶液均匀地喷至木耳上，每隔 5 天喷 1 次，直至采收的前 5～6 天停止。遮阳网交替式管理，前期和中后期的温度、空气相对湿度、喷水次数，参照"全光照开放式栽培管理方法"的内容。不同之处，菌床上方有遮阳网遮阴，喷灌系统改为微喷头，微喷头雾化好，用水量少，在喷水管理时应适当延长喷水时间。当耳片逐渐长大（耳片长至 4 厘米以上时），应把栽培床上面所有的遮阳网撤掉，并进行日光照射喷水管理。野外大地遮阳网交替式栽培黑木耳，一般从原基形成至采收需要 45～60 天。从遮阳网撤掉至黑木耳采收，需要 15 天左右。当子实体长至八成熟时，停止喷水并采收。

4. 野外棚式立体吊袋栽培管理技术

(1)野外棚式立体吊袋育耳期的管理方法 利用野外棚式有利条件立体吊袋栽培黑木耳，不但保温、保湿性好、管理方便、省水、占地面积小，而且立体吊袋栽培数量多，是一种比较经济的栽培方式。其具体方法如下：栽培前准备工作及立体吊袋棚的搭建参阅“野外棚式立体吊袋栽培场地选择及搭建”的内容。待立体吊袋大棚搭建完毕后，栽培棚内的地面应放一层河沙，厚度以 5～10 厘米为宜。在栽培棚地面的四周挖一条深 5～10 厘米，宽 20 厘米的排水沟，便于排放栽培棚地面的存水或定期往棚内放水，以备保湿之用。立体吊袋之前，先用 0.2%(含量 50%)浓度的食用菌专用多菌灵溶液，把栽培棚内的四周及棚顶草帘子和地面沙子喷雾消毒 1 次，使棚内及棚顶草帘子和地面湿透。稍干后，在地面的沙子上撒 1 层石灰粉消毒。立体吊袋栽培棚门应用细铁筛网或用细纱网封好，防止栽培期间飞虫进入为害子实体。待野外大棚全部整理好并消毒后，在栽培棚上面每个横木杆或 10 号铁丝上面，每隔 30 厘米处，绑 1 根双尼龙绳用于吊袋。然后把所有的菌袋消毒，菌袋消毒稍干后开始用尼龙绳把袋口绑 1 个结，多余的袋口往下折扣再用尼龙绳绑紧系好，即可吊完一袋。

第二袋的距离，袋口绑绳处和第一袋底部相平，绑完一根绳后开始割口，割口方式和割口数量参阅“菌袋割口新方法”的内容。立体吊袋绑袋时，禁止先割口后绑袋，这样容易使菌料和菌袋膜脱离，原基形成慢，而且出耳少或不出耳，易受霉菌污染等现象。按照上述绑袋方法进行，将整个大棚绑完袋为止。一般每根尼龙绳(按 2 米高立体吊袋计算)可立体吊袋

7袋。吊袋时每行之间应按“品”字形进行，袋与袋之间距离以25～30厘米为宜，不能少于25厘米，行与行之间距离不能少于30厘米（如吊袋密度大，栽培至中后期，通风不良，特别是在高温、高湿条件下，很容易出现耳片腹面弹射孢子并停止生长，耳朵不开片，流耳、烂耳等严重现象，影响木耳的质量和产量。总之棚式立体吊袋栽培管理，袋与袋、行与行之间的距离宜稀不宜过密）。待所有的菌袋吊完后，把洁净的河水或井水放入栽培棚内的沙子中，使沙子全部湿透，每天往栽培棚内四周的草帘子上喷雾3～4次。使栽培棚内的空气相对湿度保持在80％～85％，有利于黑木耳原基的快速形成。此期，栽培棚内的温度应控制在20℃～25℃。一般按上述管理中、晚生品种需12～15天，早生品种需4～6天，可使原基全部形成。之后，再转入出耳后的管理。

（2）野外棚式立体吊袋栽培管理方法 野外棚式立体吊袋管理不同于单袋地摆管理，因立体吊袋栽培在温度、湿度、光照、上层菌袋与下层菌袋、空气相对湿度大小，都有所不同。育耳期间原基形成的快与慢均有所不同，色泽深浅也不一致。为了避免上述问题，无论幼耳生长阶段和子实体伸展长大阶段，关键是喷水及光照应掌握好。春天干旱季节，立体吊袋上层部位，靠近栽培棚四周外面的菌袋，均能出现耳朵或耳片发干，卷缩缺水现象。因此在野外栽培棚吊袋横杆上，人行管理道两边的栽培袋中间的横木杆上各固定安装一根直径3.5厘米的黑色塑料管。在黑色塑料管上每隔2米处，打1个细圆孔并安装上微喷头，使其朝上并固定绑紧。

喷水管理时，栽培棚上层的菌袋应多喷、勤喷和细喷，下层部位的菌袋结合人工喷水应少喷或不喷。栽培棚四周靠边的菌袋有时出现喷不到水或喷水不均匀情况，应结合人工喷水，打开草帘子均匀喷透木耳，以确保子实体所需的正常生长湿度。温度较低时，立体吊袋下层部位、中间部位，禁止喷水过大，以免出现流耳、烂耳和杂菌污染等现象。要求栽培棚内经常通风换气，保持栽培棚内的空气新鲜及流通。阴天要适量少喷，雨天根据情况可少喷或不喷。

总之，在整个管理期间应形成一个干干湿湿的环境。每天夜间应把大棚四周的草帘子全部打开并加大喷水量，翌日晨再把草帘子放下。尤其是中午栽培棚内遇有温度连续达到28℃以上时，应把棚顶和四周草帘子全部拿掉并停止喷水，使子实体快速晒干。待下午温度降至26℃以下时，开始喷水管理，夜间应多喷水(此时不要连续喷水，应间断性喷水，只要达到耳片和耳根处浸透即可)。栽培管理期间如遇连雨天时，或子实体生长极慢或停止生长时，晴天后应及时拿掉大棚上面的草帘子，快速使棚内子实体晒干并停水3～4天，尽快使棚内的所有木耳晾晒干透。之后，再开始正常喷水管理。这样不仅有利于子实体的快速生长，也是棚式立体吊袋管理防止杂菌污染、流耳和烂耳的一种有效措施。待耳片逐渐长大至2～3厘米时，用0.3%浓度的食盐溶液均匀地喷至子实体上，每隔5天喷1次。当耳片全部展开后，遇有连雨天，应提前做好栽培棚的防雨工作，方法是在栽培棚顶部全部盖好塑料膜并压实绑紧，将栽培棚四周草帘子全部撤掉，加大通风换气。当子实体长至八成熟时即可采收。

5. 林间开放式立体吊袋栽培管理技术

(1)林间开放式立体吊袋育耳期的管理方法 利用林间开放式自然条件立体吊袋栽培黑木耳，具有耳棚搭建简易、投资小、保湿性强、管理方便、占地面积小、立体吊袋栽培数量多等优点。林间开放式立体吊袋栽培具体方法如下：栽培前准备工作及立体吊袋棚的搭建参见"野外棚式立体吊袋栽培场地选择及搭建"的内容。林间开放式立体吊袋栽培不同之处，搭建吊袋大棚时不需要立柱，可利用自然林木做立柱。首先在自然林木的 2.5 米处，搭建数根木棍用于棚顶放塑料膜。在搭建的简易大棚自然林木立柱的 2 米处，分别绑 7 根小头直径 10～12 厘米的横木棍，棍与棍之间的距离以 2.5 米为宜。一般立体吊 1 万袋，需搭建宽 6 米、长 15 米、高 2.5 米的耳棚。待立体吊袋大棚框架搭建完毕后，在棚内顶部的第二层的粗横木棍上，每隔 30 厘米处顺摆 1 根细木棍，按上述距离一直摆完为止。在棚外、棚顶上面铺放一层厚塑料薄膜，并用绳交叉绑紧。栽培棚的四周应用遮阳网围挡，之后，在细木棍上每隔 30 厘米处，绑 1 根双尼龙绳用于吊袋。待双尼龙绳全部绑完后，先清理栽培棚内的所有杂物，然后，用 80%～90%浓度的醋酸溶液，把栽培棚四周遮阳网及地面喷雾消毒 1 次，使遮阳网及地面湿透。待简易耳棚全部搭建完成并消毒后，开始吊袋。吊袋过程、割口方式、割口数量及育耳期的管理方法参见"野外棚式立体吊袋栽培管理方法"的内容进行。待原基全部形成后，转入出耳后的管理。

(2)林间开放式立体吊袋栽培管理方法 待林间立体吊袋原基全部形成后，把栽培棚四周的遮阳网及顶盖上的塑料膜全部撤掉。在棚内顶部的第二层棚顶部的粗横木棍上，分别各安装 1 根塑料管并安好微喷头，使喷水口朝上并绑紧固定。林间立体吊袋栽培黑木耳，水源可参阅"林地仿野生菌袋地摆栽培管理方法"的内容。利用林间遮阴开放式栽培管理，喷水应掌握，春天干旱季节，应多喷、勤喷，阴天及温度较低时要适量少喷。在子实体生长前期管理期间，雨天棚顶不需要任何遮盖物，任雨水自然淋浇，根据雨量大小及时间长短情况结合人工少喷或不喷水。待子实体生长至中后期时(子实体生长至5厘米以上),遇有连阴雨天必须把棚顶上面铺放一层厚塑料膜并用绳交叉绑紧,防止雨水浇到棚内的木耳上。此期的耳片全部伸展,使袋与袋之间的子实体距离缩小,新鲜空气不流畅。如此期任雨水淋浇,可使子实体腹面快速弹射孢子,造成大量子实体流耳、烂耳及严重的霉菌污染。这也是目前各地棚式立体吊袋失败的重要原因之一。雨天过后,应及时撤掉大棚上面的塑料薄膜,加大通风换气量。当木耳全部开片并长至八成熟时,停止喷水,选择晴天采摘。

6. 野外立体串袋栽培管理技术

(1)野外立体串袋育耳期的管理方法 立体串袋栽培黑木耳,是笔者经过多年的研究及反复试验而创造的一项栽培新技术。按照传统的方法每667平方米袋栽黑木耳只能栽培1万袋,现已成功地使每667平方米栽培3万袋。它不但可以1次串袋育耳和栽培,降低成本66%以上,降低节省人工管理费、遮阳网、塑料膜、微喷带或微喷头及喷灌总管等的2/3,还具有占地面积小、保湿性能强,子实体生长均匀,产量高,栽培管理方便等优点。

首先做好栽培床,地床消毒及所需材料等参阅“立体串袋栽培场地选择及搭建”的内容。栽培床准备完毕并消毒后,先在栽培床一头开始,把两头带尖的细枝条或细竹竿分别插入栽培床上,插入地床深度以15～20厘米为宜。一般每根70厘米长的细枝条或细竹竿可串3个菌袋。棍与棍之间距离以35厘米为宜,行与行之间以35厘米为宜。插枝条或细竹竿时应按“品”字形排列。要求随插棍,随即串袋,把消毒后的菌袋口拧紧并割口。栽培床中间事先放上1根微喷带,使出水口朝地面摆放,割口方法参阅“菌袋割口新方式”,从中选择所需割口方式。把已割完口的菌袋，袋口朝下从菌袋中心串入栽培床事先插好的枝条或细竹竿上，使枝条或细竹竿从菌袋底部中心点串出，把串入枝条或细竹竿上的菌袋慢慢往下移动至菌袋口贴紧栽培床面为止。随之，再把已割口的菌袋，袋口朝上从菌袋中心串入上述枝条或细竹竿上，使串入的菌袋继续往下移动，至袋底贴紧下面已串好的袋口。按上述串袋方法，使第三个菌袋底部朝上，从袋口中心点串入枝条或细竹竿上，往下移动至袋口贴紧已串好的第二个袋口，即可串完一串（第三个菌袋底部禁止串透，避免袋底串透，喷水管理时，袋内进水造成杂菌污染）。每串完一个栽培床，需往串袋空隙处撒一层松树针或树叶。一般每根细枝条或细竹竿串3个菌袋为宜。袋与袋之间的距离不能小于25厘米。待每床串完菌袋后，在菌袋上方盖上塑料膜并用土压实，塑料膜上面再盖上遮阳网（遮阳度85%）。之后，把每个栽培床中间的微喷带接头分别安装封闭好并用磁化水浇水。安装微喷带接头、磁化器制作过程，参阅“林地仿野生菌袋地摆栽培管理方法”的内容。

菌袋割口前4～5天育耳床内不需通风换气，之后每天应通风换气2～3次，阴天可加大通风换气量。晴天一般需每天往栽培床内早、中、晚各浇1次水并结合地床沟内放满水，使育耳床全部湿透为止。雨天只要保持育耳床内湿润，可不浇水，总之保持育耳床内的空气相对湿度达到85%，掌握并控制使育耳床内的温度保持在15℃～25℃。割口8～10天后，日落后应把育耳床上面的塑料膜和遮阳网全部掀开，翌日早晨再重新盖好。经过上述管理，待原基全部形成后，转入中后期栽培管理。

(2)野外立体串袋栽培管理方法 当立体串袋子实体长

至1厘米时，在每个栽培床边的地沟里放上1根直径2.5厘米粗的黑色塑料管，塑料管长度应比栽培床长0.5～1米。之后，在黑色塑料管上面每隔2.5米处打1个细圆孔，在细圆孔上安装1根90厘米长的细塑料软管并安上微喷头。同时，在黑色塑料管打孔处插1根细树枝条或细铁筋，每根细树枝条或细铁筋高度以90厘米为宜。之后，把细塑料软管往上提起，使喷头上的固定孔插入细树枝条或细铁筋上并固定绑紧。然后，在栽培床两边每隔3～4米插1根木棍，木棍长度以1.2～1.5米为宜，在木棍上面放上一层遮阳网(遮阳度85%)并绑紧，使立体串袋栽培床内形成底部保湿，中间通风，中上部喷水，顶部遮阳降温等有利环境。待栽培床全部摆完菌袋并插棍绑好遮阳网后，把每个地沟的黑色塑料管接头分别安装在直径5厘米粗的耐压力总管上，总管接头安装在事先制作的磁化筒出水口上。根据水源距离的远近另加1根总管，分别安装在磁化筒的进水口上和水源中的潜水泵上。待上述全部安装后，开始喷水管理。

喷水管理期间，要求水源洁净无污染，水源要求越凉越好。前期喷水管理时，应使喷出的水呈雾状。此期应保持空气相对湿度达到90%，使子实体快速生长。随着子实体生长增大，应灵活掌握喷水量，阴天少喷，晴天、风天应多喷，雨天少喷或不喷。当耳片逐渐长大(子实体长至3～4厘米时)，每隔5天用0.3%浓度的食盐溶液均匀地喷至子实体上。待子实体长至4～5厘米时，应把栽培床上面的遮阳网全部撤掉并采取开放式喷水管理。子实体的生长条件，它需要干干湿湿交替喷水，才能顺利生长。

总之，在立体串袋栽培管理期间，无论前期或中后期喷水，白天应保持耳片平展，耳根浸透，不卷边或交替式停水使子实体干透。日落后开始喷水，使耳片和耳根处浸透并舒展，夜间应间隔式多喷水、勤喷水，有利于子实体的快速生长。中、后期栽培床内应加强通风换气，避免高温喷水、低温不通风的错误管理方式。立体串袋栽培，一般从割口育耳至黑木耳采收需 58～75 天。从遮阳网撤掉至黑木耳采收需 15～20 天。

(三)秋木耳制种与栽培管理技术

1. 制种时间

以黑龙江省牡丹江地区为准：秋季栽培从 5 月初至 5 月中旬开始培养栽培袋。原种生产：以栽培种开始生产时计算，倒计时 45～50 天制种。7 月中旬至 8 月 1 日室外割口育耳；晚秋反季节栽培从 7 月 1 日开始培养栽培袋。原种生产：以栽培种生产时计算，倒计时 45～50 天制种。9 月 1 日开始室外割口育耳。其他地区栽培时间参见"黑木耳代料栽培出耳季节的安排"的内容。

2. 栽培管理

具体拌料、装袋、灭菌、接种和发菌方式同"栽培种(三级菌)制作技术"的内容。不同之处，此期制菌与冬季制菌相反，秋耳制种时间正值夏天，温度较高，空气流动所含杂菌孢子多，在灭菌、接种等过程中，应严格无菌操作。发菌期间，白天室内温度必然超过菌丝所生长的温度，此时禁止开门、开窗通风降温。因外界温度较高，如发菌室开门、开窗通风，不但不能使室内温度降低，反而使室内温度迅速升高，造成室内温度过高，使栽培种严重退化，并污染大量杂菌，导致发菌失败。正确的菌丝培养应做到，白天室内温度偏高时，必须把所有发菌室的门窗封严，并用厚遮阳物遮挡封严，打开室内棚顶上的所有排气口（棚顶事先每隔 2～3 米处，打 1 个 50 厘米×50 厘米的排气口，平时关闭），由于室内关门、关窗，使其热量通过排气口排出，不能形成空气循环热量，所以室内温度会很快降至菌丝所需要的温度。一般从傍晚 17 时至翌日晨 7 时必须开门、开窗加大通风换气量。遇有雨天或连阴雨天，夜间则必须关门、关窗并打开室内棚顶上所有排气口，降低室内温度及排除湿度，保持室内干燥及菌丝所需的最佳温度。如在此种气候条件下，夜间开门、开窗，容易使室内形成高温、高湿的环境，将导致黑木耳栽培种很快出现大量霉菌污染，致使栽培种在发菌期间成品率降低或成批栽培种受霉菌污染导致失败。上述情况也是目前各地秋季黑木耳栽培户失败的重要原因之一。黑木耳秋季栽培成功与否，取决于栽培种的培养质量。因此，栽培种培养期间应严格按照上述管理程序进行。待菌丝全部长满料袋后，室内温度应降至 20℃ 以下，继续培养 5～10 天，再转入割口育耳。

秋季栽培黑木耳育耳期间，应在室内或室外集中割口育耳，温度应控制在 26℃ 以下，空气相对湿度保持在 80%～85%。待室内或室外黑木耳原基全部形成后，把菌袋摆入栽培床上。栽培床消毒、栽培管理等过程请参照春季黑木耳栽培。黑木耳秋栽培与春栽培不同之处，即黑木耳春季栽培气温逐渐升高，而黑木耳秋季栽培气温从高逐渐下降。因此，秋季栽培黑木耳待原基全部形成并分床管理时，前期浇水管理应做到白天少浇，夜间多浇；中、后期浇水管理应做到白天多浇，夜间少浇或不浇。即前期 30 天由于白天温度较高，白天不适宜黑木耳生长。因此，白天浇水应保持木耳不卷边，有光泽湿润感即可。夜间应加大喷水量，要求勤喷、多喷。即中后期30天由于白天温度大幅度下降，最适宜黑木耳的生长，夜间由于温度较低不适宜黑木耳的生长。因此，白天需加大喷水量，要求勤喷、多喷，待木耳长至2～3厘米时，用0.3%浓度的食盐溶液均匀地喷至木耳上。每隔5天喷1次，每次喷洒需在傍晚最后1次停水时进行。喷洒食盐溶液的目的是预防木耳流耳、烂耳、线虫为害子实体和杂菌污染，并可增加木耳厚度。夜间应根据天气变化情况而定，要求少喷水或不喷水。当白天温度低于15℃时，应在菌袋上面加盖遮阳网增温，应经常通风换气，按常规管理，待黑木耳达到八成熟时，即可采收。秋季栽培黑木耳的最大优点是原料便宜，拌料随处可进行，蒸锅灭菌省时、省资金，发菌期间可用室内发菌，也可用简易大棚进行，而且不需加温投资。由于秋季栽培气温逐渐降低，耳片黑厚，不流耳、烂耳，杂菌污染率低，产量高，产品质量好，销路广，价格高。

（四）黑木耳反季节栽培管理技术

1. 制种时间

一般从7月1日开始培养栽培袋，发菌过程同上。待菌丝全部长满袋后，以黑龙江省牡丹江地区为例：9月1日（此时温度白天20℃～22℃，夜间10℃～15℃）开始割口育耳。原种生产：以栽培种开始生产时间计算，倒退至45～50天制种。

2. 栽培管理

此期外界温度适宜黑木耳生长，地床两边每隔3米插1根1米高的细木棍或细竹竿，在木棍或细竹竿上面加盖一层遮阳网，集中育耳。待常规耳芽全部形成后，拿掉遮阳网，开始菌袋分床并浇水栽培管理。当耳片长至 1～2 厘米时，气温急剧下降使黑木耳停止生长并开始结冰封冻。当继续下降并封冻稳定后，用洁净的井水或自来水喷雾菌袋 2～3 遍（使水结冰封住耳芽及割口处，使菌袋内的水分不流失）。之后，利用现有条件或下雪自然覆盖菌袋。反季节栽培黑木耳，由于野外栽培冬季菌袋需要休眠，因此应采取防止牛、羊等损坏菌袋的措施，以免造成不必要的经济损失。待翌年春季气温逐渐回升至 12℃～15℃时，在菌袋上加盖遮阳网增温并喷水管理，按上述常规栽培管理及采收。

晚秋反季节栽培特点，制菌成本低，栽培期间杂菌污染率低，耳片厚大，产量高，不流耳、不烂耳，产品质量好。因反季节栽培春季可提前采收黑木耳（常规春季栽培的黑木耳长至 1～2 厘米时，反季节木耳即可采收）。一般每年生产的黑木耳，到冬季时被收购商全部收购。春季收购时，常规春季栽培的黑木耳还没有采收。而反季节栽培的黑木耳可提前采收。因此，反季节栽培的黑木耳，每千克售价要比常规栽培的黑木耳提高 6～8 元。缺点是由于反季节栽培的黑木耳，菌袋需要休眠，使栽培周期延长。其他地区反季节栽培黑木耳，待温度降到 20℃～22℃时开始育耳栽培。

六、黑木耳采收与加工技术

(一)生产周期

黑木耳代料栽培的生产周期,由于培养料不同、栽培形式不一,所以栽培种菌丝生长时间有快有慢,栽培周期也随之长短不一,采收次数有多有少。一般枝丫粉碎的木屑加豆秸秆粉培养基,遮阳网交替式栽培管理,从接种(栽培种)、菌丝培养、割口育耳直到收获结束,需 60～90 天,每 50 千克代料可采收 3.5～5 千克干耳。柞栎树叶粉加玉米芯粉培养基,遮阳网交替式栽培管理,从接种(栽培种)、菌丝培养、割口育耳直到收获结束,需 60～80 天,每 50 千克代料可采收4.5～5.5 千克干耳。一般黑木耳代料栽培每制种 1 万袋,从接种到采收只需 3～3.5 个月,栽培户纯收入 1 万余元。因此,大力发展代料栽培黑木耳产业,是当今农民及下岗职工脱贫致富最有效的短、平、快项目。

(二)成熟标志

黑木耳采收应掌握好时机,不要把还未成熟的耳片或生长过熟的耳片采下,以免影响木耳的产量和质量。黑木耳标准成熟标志,以耳朵或耳片全部开片平展,耳片上翘,耳根由粗变细,长至八成熟时,即可采收。采收时,应参照天气预报,选择连续晴朗天气、阳光充足时,抓紧时间集中人力抢收、采摘黑木耳,以免天气变化出现连阴雨天,造成黑木耳流耳、烂耳及霉菌污染等现象(图 6-1)。

图 6-1　采收黑木耳

(三)采收方法

采收时一手拿住菌袋,另一手握住黑木耳根部,轻轻掰下来。不论怎样采摘,必须把黑木耳耳根处的培养基清理干净,否则会直接影响黑木耳的产品质量及销售价格。之后,把朵形木耳分别掰成片状即可晾晒。

(四)晾晒干制技术

1. 自然光照晾晒法

采收后的黑木耳含水量较大,不能存放时间过长,必须及时加工干制,以免腐烂变质。因此,在采收时必须使鲜木耳干净卫生,耳根不带菌料。晾晒时,应选择天气晴朗、阳光充足时,将采收并加工后的鲜木耳摊成薄薄的一层放在遮阳网上

(遮阳网应放在事先做好的晾晒架上,架高以离地面0.8～1米为宜)。在烈日下晾晒1～2天后,即可全部晾晒干透。晾晒时,使木耳晒至半干后,再翻动1次并干透为止(图6-2)。晾晒木耳时不要多次翻动,以免耳片卷曲呈拳耳,影响产品质量及销售价格。如遇连阴雨天,因没有阳光,加之晾晒时间较长,很容易使木耳卷曲呈拳耳,外形品质很差。此种情况只要晾晒的黑木耳没有腐烂变质,待雨天过后,天气晴朗时,把所有的干拳耳分批放入大容器内,加入洁净的清水浸泡至耳片全部展开(黑木耳浸泡时,禁止用手搓湿木耳,以免晒干后的木耳失去亮感,影响木耳质量及销售价格),迅速捞出并放在遮阳网上晾晒,直至晒干为止。用此方法加工晾晒的黑木耳,干后的产品质量完全可以恢复到国标木耳。

图6-2 自然光照晾晒

2. 烘干法

把鲜木耳按上述程序加工整理好后,摊放在铁筛网上,微热烘干。在烘干过程中,室内温度不应超过40℃,防止木耳烤焦或自溶分解。经常通风换气,排放室内湿热空气,加快鲜耳的水分蒸发。待木耳全部烘干后,由于木耳角质硬脆,容易吸湿回潮，应当妥善保管。

3. 干木耳吸潮法

此方法如在木耳采收季节，已经采收了栽培总数量50%并全部晾晒干透的黑木耳，还有50%木耳没有采收。此时，遇有连阴雨天，没有采收的黑木耳即将出现大面积流耳、烂耳。但由于连续下雨，纵然把黑木耳全部采收，也避免不了烂耳或等外拳耳。为了防止上述问题的出现，下面介绍一种笔者多年实践的经验做法。

选择宽敞并通风较好、闲置的库房及室外不漏雨的凉棚，首先把地面杂物清理干净，如地面不是水泥地面，应把地面覆盖1～2层遮阳网。遮阳网铺完后，分别把已晾晒干透的黑木耳均匀地摊放在遮阳网上，之后，把采收的新鲜木耳分别均匀地摊放在干木耳上。此时，应把所需的库房及室外凉棚的门窗全部打开，加强通风换气。此种处理方法，可通过底层干木耳较快地吸收新采收的鲜木耳水分，能使干、鲜木耳都达到半干状态，使干、鲜木耳都不造成损失。待晴天后，拿到室外，短时间内即可晾晒干透。

（五）采收后的继续管理措施

黑木耳代料栽培的菌袋1次接种，可采收1～2潮。第二潮再出耳，关系到整个生产周期的经济效益。一般黑木耳代料栽培第一潮采收后，基内营养消耗、水分散失和环境条件的变化，使第二潮出耳时较为困难。因此，栽培者必须认真掌握好再出耳的管理技术。首先清理栽培床上的残留耳根，铲除杂草，清除污染的菌袋。之后，用0.1%（含量70%）浓度的甲基托布津溶液，用喷雾器均匀地喷一遍菌袋并使菌袋外部全部湿透，待菌袋表面稍干后，对菌袋开始重新割口。一般黑木耳菌袋第一潮出耳时，如果原基形成整齐，管理得当，可1次采收并能达到较高的产量。这种菌袋萎缩大，培养基外部的营养及水分基本消耗失散，因此菌袋已割口出耳部位不需再重新割口，任其自然出耳。但出耳后的菌袋培养基中心处营养、水分充足，为此，用刀片把菌袋底部的塑料膜全部割掉，待所有袋底割完后，把袋底朝上摆放。此时，割口后的菌袋不需遮盖，应开放自然阳光暴晒5～6天后，在原栽培床两边的木棍上面，覆盖1层遮阳网并拉紧绑牢。之后，开始喷水管理，前2～3天内应加大喷水量，尽快提高袋底菌料含水量，待菌料含水量达到65%时，应降低喷水量。在日落并停水后开始用喷雾器按5克三十烷醇加15～25升水溶化后，均匀地喷湿所有的菌袋底。此后，每隔3天按上述比例和时间喷雾1次(共喷3次)，刺激黑木耳原基快速形成。保持栽培床内的空气相对湿度达到85%。总之，在菌袋底部没有形成子实体之前，喷水量不要过大，应保持好空气相对湿度。按上述管理，一般10～15天袋底原基即可形成，待袋底原基全部形成后，按上述黑木耳代料栽培管理技术进行，直至黑木耳成熟并采收为止。

(六)黑木耳产品包装与贮藏方法

黑木耳为季产年销的商品，因此商业部门在产季要收购，贮备一定库存，作为长年供应。这就必须切实加强贮藏保管工作，确保黑木耳产品质量。具体要求如下。

1. 检测干度

凡准备入仓贮藏保管的黑木耳，首先必须检测干度是否符合规定标准，如干度不足，一经贮藏会引起霉烂变质。如发现干度不足，进仓前要在烈日下暴晒，或置于脱水烘干机内，在 50℃～55℃烘干 1～2 小时，达标后再入库。

2. 包装要求

黑木耳的包装，内用白色透明塑料袋装好，外套国标麻袋或塑料编织袋。盛装黑木耳的包装袋，必须编织紧密、坚固、洁净、干燥，无破洞，无异味，无毒性。凡装过农药、化肥、化学制品和其他有毒物质的包装袋，不能用于包装黑木耳。

包装袋外应缝上布标，内放标签，标明品名、重量（毛重、净重），写上产地、封装验收人员姓名或代号，并印有防潮标记。近年来，出口的黑木耳也用双卡瓦楞纸箱包装，内套白色透明塑料袋。箱面按包装要求印好字样。箱口用胶带纸密封，箱体扎编织塑料带 2 道。

3. 运　输

黑木耳在运输过程中要注意防暴晒、防潮湿、防雨淋。用敞篷车、船运载时要加盖防雨布。严禁与有毒物品混装，严禁用含残毒、有污染的运输工具运载黑木耳。

4. 专仓贮藏

贮藏仓库强调专用，不能与有异味的、化学活性强的、有毒性的、易氧化的、易返潮的商品混合贮藏。库房应设在阴凉干燥的楼上，配有遮阴和降温设备，切忌在一般地面仓库堆放，严防雨水淋入。进仓前，仓库必须进行清洗，晾干后消毒，可用氧化苦药剂熏蒸（每立方米空间用 17 克）或用气雾消毒盒（每立方米空间用 3 克）进行气化消毒。

成品进仓后，按照不同产地和不同等级，分类堆叠，合理排布，以方便检查。堆叠时要小心搬动，防止挤压破碎。库房内空气相对湿度不要超过 70%，可在房内放 1～2 袋生石灰粉吸潮。如果空气相对湿度为80％～90％极易霉变。库内温度以不超过25℃为好。

5. 防治害虫

黑木耳贮藏期间极易发生害虫。其原因是旧仓库内本来就有害虫存在，贮藏前未彻底清理、消毒；黑木耳含水量高，给仓库害虫的繁殖生长创造了有利条件；加工、包装、运输的工具经长时间使用，没有采取杀菌灭虫措施，起了传播作用。为此，必须定期抽样检查，及时发现问题，认真处理。

预防办法。首先要搞好仓库清洁卫生，清理杂物、废料，定期通风、透光，贮藏前进行熏蒸消毒，杜绝虫源。同时要保持黑木耳干燥，不受潮。要定期检查，若发现受潮霉变或害虫等，应及时采取复烘干燥处理，即将产品置于50℃～55℃烘干机内烘干1～2小时。也可将二氧化硫药物置于容器内，让其自然挥发扩散，熏蒸杀虫，每立方米空间用100克，熏蒸时间为24小时。

（七）优质黑木耳产品分级标准与卫生指标

1. 商品等级

黑木耳干品分级标准、检验规则和等级评定，国家已发布了规定，自1986年8月1日起在全国各地实施。黑木耳分为三级，内容包括色泽、耳状、大小、厚度、干湿比、含水量和杂质等7个方面，见表5-1。

表 5-1　国家规定的黑木耳等级标准

项　目	一　级	二　级	三　级
色　泽	耳面黑褐色，有光亮感，背暗灰色	耳面黑褐色，背暗灰色	多为黑褐色至棕色
耳　状	朵片舒展，无拳耳、流耳、流失耳、虫蛀耳、霉烂耳	朵片舒展，无拳耳、流耳、流失耳、虫蛀耳、霉烂耳	拳耳不超过 1%，流耳不超过 0.5%，无烂耳、虫蛀耳、霉烂耳
大　小	朵片完整，不能通过直径 2 厘米筛眼	朵片完整，不能通过直径 1 厘米筛眼	朵片完整，不能通过直径 0.4 厘米筛眼
厚　度	1 毫米以上	0.7 毫米以上	—
干湿比	1∶15 以上	1∶14 以上	1∶12 以上
含水量	不超过 14%	不超过 14%	不超过 14%
杂　质	不超过 0.3%	不超过 0.5%	不超过 1%

注：拳耳：指在阴雨多湿季节，因晾晒不及时，在翻晒时，互相粘裹而形成的拳头状耳

流耳：指在高温、高湿条件下，采收不及时而形成的色泽较浅的薄片状耳

流失耳：高温、高湿导致木耳胶质溢出，肉质破坏，失去商品价值的木耳

虫蛀耳：被害虫蛀食而形成残缺不全的木耳

霉烂耳：主要指干制后，因保管不善被潮气侵蚀，形成结块发霉变质的木耳

干湿比：指干木耳与浸泡吸水并滤去余水后的湿木耳重量之比

杂质：指黑木耳在生长中和采收晾晒过程中附着的沙土、小石粒、树皮、木屑、树叶等

国家规定的黑木耳标准中的化学指标见表 5-2。

表 5-2　黑木耳化学指标

指标名称	一　等	二　等	三　等
粗蛋白质(%,不低于)		7.00	
总糖(以转化糖计,%,不低于)		22.00	
粗纤维(%)		3.00～6.00	
灰分(%)		3.00～6.00	
脂肪(%,不低于)		0.40	

2. 检验方法

黑木耳的检验以感官检验为主,物理、化学、卫生指标为对照分析的内在质量。化学指标检验比较复杂,必须由食品检测中心进行逐项化验,才能获得数据。卫生指标按 GB 2763-81 食品卫生标准的规定进行对照。下面着重介绍适于商业收购员掌握的感官和物理检测方法。

(1)感官检验

①眼看　观察耳片大小,完整程度;看色泽深浅,光亮情况;看有无霉烂耳、虫蛀耳、流失耳。

②鼻闻、嘴尝　不允许有异味。

③手握、耳听　握之声脆、扎手,具有弹性,耳片不碎为含水量适当;握之咯吱声响,扎手易碎,为干燥过度;握之无声,不扎手,手感柔软为含水量过大。

(2)物理检验　朵片大小:将被检木耳分别用 3 种不同网孔直径的网筛过筛。过筛后可以得到符合等级规定的数量,并算出不符合等级比例。

①含水量测定　烘干减重法。在感量为 0.01～0.001 克的天平上,称取黑木耳试样 5 克,置于已经恒重的金属样品盒中,放入 100℃～150℃烘箱内烘 2 小时。取出放在干燥处冷

却至室温，称重。再烘半小时，再称重，直至恒重。计算公式：

$$水分(\%)=\frac{样品干燥后失重}{样品干燥前重}\times100$$

有条件的可采用水分快速测定仪，称样品10克，置于测量盒中，调好仪表，校正指针，从最大回到0位。上好手柄，打开测量开关，用手压柄，视指针偏转指数即为水分百分比含量。

②干湿比　精确称量求得干重的样耳，放入水中，在18℃～20℃室内浸泡10小时，取出后用漏水容器沥尽滴水，称其重为湿重。干重与湿重之比即得干湿比。

③杂质　称取试样500克，用直径0.4厘米的筛网，筛落灰土等杂物。拣出筛上杂物，一并收集称重。计算公式：

$$杂质(\%)=\frac{杂质重}{试样重}\times100$$

(3)检验规则　同等级，同时交售、调运、销售的黑木耳，作为一个试验批次。报验单中填写的项目，应与货物相符。凡货单不符、等级混淆、包装破损者，由交货单位整理后再行检验。

(4)等级规定　朵片大小，耳片色泽、厚度，杂质含量不符合该等级单项或几项标准，累计超过10%的降1级，超过30%的降2级。水分超过本标准规定的，在18%以下的，按超比例扣除重量；在18%以上的，应重新干燥至规定含水量才能接收。等级质量检验不合格的黑木耳，可按实际品质双方协商定级验收。

(八)原种及栽培种的保藏方法

1. 原种保藏方法

一般情况下，黑木耳原种菌丝培养好后，应立即扩大转接栽培种。如生产栽培种数量较多时，原种一时用不完，应妥善保管。锯木屑原种应放在阴凉、通风、干燥库房存放。库房温度在20℃时，原种可存放20～25天；温度在10℃以下时，原种可存放30天；温度在5℃～8℃时，原种可存放45～60天。

2. 栽培种保藏方法

黑木耳栽培种，待菌丝长满菌袋后，继续培养5～10天之后，可转入割口育耳管理期。东北地区黑木耳栽培种制作时间，普遍在当年的11月份至翌年2月初菌袋制作完成。菌丝长满袋后，温度较低不能出耳栽培。因此，栽培袋菌丝培养好后，在菌架上原位不动，使培养室内的温度控制在5℃～10℃。目前，北方各地黑木耳主产区，制作栽培种数量较大，但普遍存在培养室不足，利用有限的培养室连续生产两批栽培种。一般年前第一批栽培种下架并在室外自然冷冻存放，第二批栽培种又开始制作。

3. 原种与栽培种保藏注意事项

原种及栽培种保藏应注意以下问题。

第一，原种保藏时，注意通风换气，保持环境卫生、干燥，防止高温烧菌和原种冷冻结冰。

第二，栽培种在室外冷冻保存，应把菌袋全部装入编织袋内，并把袋口绑紧。在室外选好平整的存放场地之后，把装有菌袋的编织袋横向放平摆放，使菌袋口的一面朝上，袋与袋之间距离以25厘米为宜。第一层摆完后，按“品”字形再摆放第二层，如此操作使菌袋摆放至5～6层后，在菌袋上面及四周覆盖1～2层厚草帘，使菌袋自然冷冻。栽培种存放期间，防止高温烧菌。禁止阳光直接照射到菌袋，并注意观察菌垛内部的温度。菌垛四周撒上鼠药，防止老鼠破坏菌袋。

第三，冷冻存放的栽培种，春季割口育耳时，自然温度回升至10℃即可单袋摆放，使冷冻结冰的菌袋全部化透并愈合菌丝一周后，再进行割口育耳。禁止未化透的菌袋割口育耳，以免造成割口后菌丝退菌，不出耳和大量污染杂菌等现象。冷冻后的菌种，无论如何栽培管理，其原基形成慢，耳片较薄，色泽变黄，子实体重量减轻。因此，菌丝培养好的黑木耳菌袋，在存放管理期间应避免温度过低而冷冻结冰。

七、黑木耳病虫害防治

代料栽培黑木耳杂菌及病虫害的防治，是一个非常重要的问题，它们直接影响着栽培的成败和经济效益。防治病虫害要坚持“以防为主，防治结合”的方针。一旦发生，要认真分析，找出病原，及时对症防治，抑制其蔓延并彻底消灭。

（一）黑木耳病菌的鉴别

污染菌种的杂菌种类很多，但是常见的杂菌有细菌和真菌两类。

1. 细　菌

细菌经常发生在营养丰富的斜面培养基上。其特点是菌落繁殖快，出现早，一般接种 24 小时即可见到。菌落常具有各种色泽并黏稠，表面光滑，有的有皱褶，使培养基发酵变酸、发臭。

2. 真　菌

真菌种类较多，多为丝状体，被污染的培养基常产生不同颜色的分生孢子。

(1) 木霉　又名绿霉，属真菌门，半知菌亚门，丝孢纲，丝孢目，丛梗孢科。危害黑木耳的主要是绿色木霉、康氏木霉和哈齐氏木霉，前两种多见于培养料中，后一种多见于割口处及原基和耳根上。木霉菌丝生长浓密，初期呈白色斑块，后期变为深黄绿色或深绿色。在培养基上会全部变成黑绿色。

(2) 青霉　青霉属真菌门，半知菌亚门，丝孢纲，丝孢目，丛梗孢科，常见的有黄青霉、圆弧青霉、苍白青霉等。青霉在自然界中分布极广，菌丝前期多为白色，后期转为绿色或灰绿色。

(3)毛霉 又名长毛菌、黑面包霉，属真菌门，结合菌亚门，结合菌纲，毛霉目，毛霉科。菌丝白色透明，无横隔，分为潜生的营养菌丝和气生的匍匐菌丝两种。初期无色，后为灰褐色。

(4)根霉 又名面包霉，属真菌门，结合菌亚门，结合菌纲，毛霉目，毛霉科。菌丝初为白色，后变黑，孢囊孢子无色或黑色。

(5)曲霉 又名黄霉菌、黑霉菌，属真菌门，半知菌亚门，丝孢纲，丝孢目，丛梗孢科。菌丝较粗短，初期为白色，以后则出现黑、黄、棕、红等颜色。

(6)链孢霉 又称脉孢霉、串珠霉，俗称红色面包霉。属半知菌纲，丛梗孢，目球壳菌科，脉孢霉属，是一种子囊菌。菌丝透明，有分支和分隔，向四周蔓延。初为淡黄色，后为橙红色。

(二)常见菌袋污染病菌的原因分析

1. 原料带有杂菌

特别陈旧和变质有虫蛀的麦麸，杂菌极易在培养料中侵入繁殖，造成大量杂菌和链孢霉菌等发生。

2. 培养料营养过剩

较多栽培户，在制作菌种配料时，随意加入麦麸、玉米粉、黄豆粉、豆饼粉、稻壳、白糖等使培养料营养过剩，在发菌期间虽然菌丝生长洁白，但割口育耳后，菌膜较厚出耳慢，出耳不齐或不出耳等现象。遇有高温、高湿条件，外界空气杂菌孢子落到菌袋割口处，很快萌发并侵入割口处，造成菌袋大面积污染杂菌或导致整批栽培失败。

3. 培养料酸败

拌料时，培养料内水分过多，配完料后存放时间较长，引起培养料发酵酸败，杂菌孳生。

4. 灭菌不彻底

料袋在常压锅灭菌期间，没有达到所规定的温度及灭菌时间，而且，灭菌中途多次往锅内加很多凉水。致使料袋灭菌不彻底，多出现料袋接种后，使整锅料袋污染杂菌报废。特别是高压锅灭菌时，必须把锅内的冷空气排尽，否则，蒸锅压力指针已达到标准，而锅内冷空气没有排尽，致使压力指针形成假压，使料袋灭菌不彻底，待料袋接种后，很快造成多数或整锅料袋污染报废。

5. 接种不规范

常因离子风臭氧钢针式接种器开放接种，接种室内卫生环境差，灰尘四起，消毒灭菌不正确，接种人员没有达到无菌操作，工作人员随便出入接种室，在这种环境下接种，菌种污染率较高，致使大批量菌袋出现杂菌污染。

6. 料袋破漏

常因装袋、灭菌、接种和上架发酵等过程搬运中，使部分料袋扎破微小的小孔，又不易发现，致使在发菌期间易从小孔外出现杂菌污染。

7. 高温危害

料袋在发菌期间摆放过密，又因发菌室长期高温，使料袋上面堆积较多黄水，上部菌丝慢慢退化，生命力减退，而污染了大量杂菌。

8. 环境污染

培养室不卫生。室内的墙壁、地面和发菌架湿度较大，加之室内温度高，通风不良和靠近猪、牛、禽舍及微生物发酵酿造厂等环境下，易出现料袋杂菌污染。杂菌污染原因很多，有的是单独原因引起，也有多种原因引起，要认真观察和思考，针对杂菌类型进行处理，才能使代料栽培黑木耳获得成功。

（三）病菌及虫害的综合防治措施

1. 病菌的综合防治措施

(1)品种选择 选用耐高温、抗杂菌能力强，耐水浇，菌丝生长快，出耳整齐，生命力强的东北林富牌 1～6 号黑木耳高产品种。

(2)原料选择 应选择原料无霉变和无虫蛀，无污染杂菌的原料，传统配方中需加麦麸。目前，出售的麦麸价格一涨再涨，并且大多数新麦麸中也加入了较多陈旧霉变麦麸或麦麸中加入较多石灰粉。在实际配料时，一般配方中都需加石灰粉，再加入含有石灰粉的麦麸，使培养基 pH 值过高，致使接种后的料袋多数或整批菌种不萌发并死亡。而陈旧霉变麦麸配料后，灭菌很难彻底，在菌丝培养期间易大量污染链孢霉。因此，笔者通过多年的实践经验和大量推广，黑木耳代料栽培配方中不需加麦麸，这样既可降低配料成本，又避免料袋污染杂菌、死菌现象。防止培养基营养料过剩，就应严格按照配方中的配比操作。

(3)防止培养料营养过剩 在配料时，必须严格按照配方比例进行，不要随意添加各种营养料。一般配方中的原料，完全可以满足其菌丝和子实体生长，所以不要随意添其他营养料。

(4)防止培养料酸败 配料时水分以57%为宜,即用双手用力搓湿料,手掌上面有水的光泽湿润感,但不能存水。要求当天拌料,当天装袋,当天必须灭菌,以防存放时间过长使培养料酸败。

(5)防止料袋灭菌不彻底 料袋在常压锅灭菌期间,必须达到所规定的温度及灭菌时间,而且,灭菌中途需要往锅内加水时,必须加入80℃以上的开水,每往锅内加1次水,必须延长灭菌时间30分钟。蒸锅袋数多少不同,蒸锅时间长短也不同,蒸锅料袋数量增加灭菌时间也必须延长。一般每锅装料袋(规格16.5厘米×33厘米的菌袋)1 500～2 000袋,达到100℃维持灭菌时间10小时,停火后继续闷锅6小时即可灭菌彻底。特别是高压锅灭菌时,必须把锅内的冷空气排尽,使锅内压力和温度相符合,必须达到所规定的温度、压力及灭菌时间,才能实现灭菌彻底的目的。

(6)防止接种不规范 在未接种之前应把接种室的杂物清理干净,消毒灭菌时应正确掌握,接种人员必须达到无菌操作观念,所有的工作人员进入接种室前,先用2%的来苏儿溶液喷雾一遍,进入接种室后,用3%的来苏儿溶液喷雾一遍室内空中及地面,以净化室内灰尘。工作人员戴上手套和口罩,此期间工作人员不能随意出入接种室,要求一气呵成。利用离子风臭氧钢针式接种器开放接种,由于它通过高压放电产生臭氧,同时也产生了极强的静电,因此,离子风臭氧钢针式接种器在接种时,在接种器前端迅速吸附较多的灰尘,使接种器钢针尖处放电不均匀(特别是已经使用了2～3年的接种器),直接影响了接种效果,而出现了大量霉菌污染。该接种器的正确使用方法是在未接种之前,首先在黑暗无光的条件下,打开离子风臭氧钢针式接种器的开关,观察接种器上面的每个钢针尖处是否均匀放电并产生蓝色光点，如不能均匀放电并不产生光点的接种器，应用干软布擦净钢针上的灰尘恢复正常或返厂维修后再使用。接种时，应经常用干软布擦去接种器前端钢针吸附的灰尘（禁止用湿布擦洗钢针上面的灰尘，以免钢针生锈降低消毒灭菌质量），使接种器均匀产生光点。在这种环境下接种，菌种成品率可达到98%以上。

(7)鉴别料袋破漏 在未装袋之前，用手握住袋口，往袋内吹足气，拧紧袋口往水盆下压，看袋底封口质量。如袋底质量不好，袋底部在水盆中冒水泡，这种菌袋不能用于生产。

(8)防高温危害 发菌期间袋与袋之间摆放不要太挤，前期10天内，室内温度以24℃～25℃为宜，中期25℃～26℃，后期20℃～22℃并加强通风换气。在这种培养条件下，才能控制病菌污染，提高菌种成品率。

(9)防环境污染 发菌室要远离畜舍、禽舍和微生物发酵酿造厂等地方。室内要经常通风换气。发菌期间室内越干燥越好。室内定期撒生石灰粉保持消毒干燥。发菌期间千万不能用液体药物喷雾消毒，否则易出现杂菌污染，要保持室内清洁卫生。

(10)链孢霉的防治方法 黑木耳菌丝培养期间，菌种培养室经常通风换气，并定期撒生石灰粉消毒吸潮，保持室内越干燥越好。菌丝培养期间如发现少量的菌袋被链孢霉污染，由于极易扩散，不要轻易触动污染物，应轻轻地用方便袋包裹好链孢霉污染袋，远离培养室烧掉或深埋。禁止链孢霉污染袋重新回锅灭菌，或再用于接种黑木耳，以免造成更大的链孢霉污染。如出现大量或整批菌袋被链孢霉污染时，应迅速使培养室内的温度降至18℃以下并保持室内干燥，按每立方米空间用化学纯高浓度甲醛10毫升，高锰酸钾5～6克烟雾熏蒸消毒，每天烟雾熏蒸消毒1次，应连续消毒5～6天。此期间禁止开门开窗通风换气，一般通过上述方法处理5～6天后，使链孢霉的孢子穗逐渐萎缩死亡。经过低温培养可使黑木耳菌丝长满全袋。该菌袋割口育耳时，应先用0.1%（含量70%）浓度的甲基托布津溶液，用喷雾器均匀的喷雾1遍已摆好地菌袋，待菌袋上的溶液稍干后，用蘸有柴油（最好是煤油）的刀片，开始菌袋割口。割口后的菌袋，地摆管理时，应把出现链孢霉菌袋（菌丝培养期间出现链孢霉的部位）的一面紧靠地面，按常规栽培管理及采收。笔者通过多次试验，出现链孢霉的菌袋通过上述处理，黑木耳栽培期间再没有链孢霉出现。而且，污染链孢霉被处理后的菌袋与常规菌袋相比，其产量没有明显的差距。

2. 害虫的综合防治措施

(1)菌螨　又名菌虱，主要为害黑木耳的耳根和菌丝，造成畸形耳和烂耳。

防治方法。发现菌螨，可用棉塞蘸0.5%敌敌畏盖严熏杀，或20%可湿性杀螨砜溶液喷雾杀虫。

(2)跳虫　又名烟灰虫，主要为害黑木耳子实体。

防治方法。用0.1%的鱼藤精液或除虫菊200倍液喷雾，也可用1 000倍敌敌畏溶液，加少量蜂蜜诱杀，效果较理想。

(3)线虫　主要为害黑木耳菌丝和子实体。

防治方法。可用0.5%的石灰上清液或0.3%～0.5%的食盐溶液喷雾几次，同时在地面撒少量生石灰消毒。

(4)黑壳子虫　又名鱼儿虫，成虫主要为害黑木耳耳片，幼虫也为害耳片、耳根或钻入接菌孔内蛀食耳芽。

防治方法。用1∶400～700倍鱼藤精药液喷雾；或用鱼藤精1千克，加入中性皂0.5千克，再加清水200升进行喷洒。

(5)白蚁、耳蚊、耳蝇和鼠等 都会损害黑木耳菌丝体或子实体。

防治方法。撒放灭蚁灵驱除白蚁、蚊和蝇。害鼠可用人工捕杀或者毒饵诱杀。

八、黑木耳栽培区出耳后废料（菌糠）再利用

（一）利用出木耳后的废料栽培高产平菇及榆黄蘑

平菇及榆黄蘑的栽培方式很多，根据多年的栽培实践，总结出一整套实用栽培技术—出耳后的废料生料速生高产栽培平菇及榆黄蘑新技术（榆黄蘑制种和栽培同平菇方式），该技术省工、省时、成本低、经济效益高，有利于商品化生产。

1. 平菇及榆黄蘑栽培料的配方与制作

(1) 出耳后的废料（菌糠）要求及处理方法　首先把出耳后的废料袋脱开，用普通粉碎机把废菌料加工粉碎并连续在烈日下暴晒3～4天，即可全部晾晒干透。

(2) 对辅料的要求

①*玉米粉*　配料时所用的玉米粉要求新鲜（玉米粉加工粉碎时越细越好）。霉变的玉米面不能用于配料。

②*草木灰*　农村烧茬子带土多的灰尽量不用，因其含土量大，影响钾肥的含量。农作物秸秆及草木灰均可。

③*石膏粉*　选择建筑用普通石膏粉即可。含有石灰的石膏粉不能使用，因计算不出拌料时石灰的用量，没有准确的pH值。

④*石灰粉*　选择建筑用普通石灰粉即可。含有其他多种

成分的石灰粉不能使用。

(3)平菇及榆黄蘑栽培料的配方

配方一　出耳后的废玉米芯料 50 千克，玉米粉 2.5 千克，石灰粉 1.75～2 千克（夏季配料需加石灰粉 2 千克；春、秋、冬季配料需加石灰粉 1.75 千克），石膏粉 1 千克，草木灰 2 千克，磷酸二铵 0.4 千克，尿素 0.15 千克，食用菌专用多菌灵 0.1 千克，保水剂 0.05 千克，水分 70%，pH 值 8～10。

配方二　出耳后的废锯木屑料 50 千克，玉米粉 2.5 千克，黄豆粉 0.5 千克，石灰粉 1.75～2 千克（夏季配料需加石灰粉 2 千克；春、秋、冬季配料需加石灰粉 1.75 千克），石膏粉 1 千克，草木灰 2 千克，维生素 B_1（每片含量 10 毫克）60 片，食用菌专用多菌灵 0.1 千克，保水剂 0.05 千克，水分 70%，pH 值 8～10。

(4)拌料　把玉米芯或锯木屑废料、玉米粉、黄豆粉、草木灰等原料按比例干料拌匀，把食用菌专用多菌灵、石灰粉、石膏粉、磷酸二铵、尿素、维生素 B_1、保水剂等分别放入大缸或其他容器中并加入清水搅拌后，用喷壶均匀地浇到玉米芯或锯木屑废料上，使培养料湿料充分拌匀拌透。一般每 50 千克干废料玉米芯或锯木屑需加水 80～90 升，拌料后的培养料水分应用手紧握料，手指缝有水珠浸出而不滴为宜，含水量以 70%为宜。

(5)培养料堆积发酵　堆积发酵原理的发酵是利用巴斯德灭菌作用杀死一些有害的微生物。同时堆料中简单糖类已被活动的微生物大量消耗，一些霉菌缺乏简单糖类做碳源而活动受到抑制；另外，料中加入食用菌专用多菌类抑制剂，使一些分解纤维素强的霉菌受到抑制或杀死；同时，料中含有较多的钙离子能够刺激菌丝生长。笔者分离的东北林富牌系列平菇菌种，在 pH 值偏碱性培养料中可正常生长，而诸多因素的作用达到了无污染的目的。

①*堆积发酵具体方法* 拌完的培养料要堆成横截面为梯形的堆，一般底宽 3 米左右，高 1.2 米左右，上底宽 1.3 米左右，长度不限。堆积时，地势要选择较高而不积水，光照较好的清洁地段，无论室内、外堆料，料堆底部都不能铺塑料膜，冬季如果室内较小，料堆达不到要求时，要想办法使料堆透气。

②*翻堆* 在堆积过程中，每隔 1 米处竖放一捆直径 10～15 厘米粗，高超出料堆 10 厘米的草把以利通气。然后，往料堆上扎数个直径为 5 厘米的深孔以利于通气。当料堆深40～50 厘米处温度达到 60℃以上时，保持 48 小时后进行翻堆，翻料时应把里面的培养料翻到料堆的外面，上面的培养料应翻至料堆的下部，下面的培养料应翻至料堆的上面。翻堆时，培养料水分不足时应加水至含量 70%；同时，边翻堆边往培养料上撒石灰粉，使培养料充分拌匀后重新按上述方法堆积。当新堆积的料堆深 40～50 厘米处温度上升至 60℃以上时，维持 24 小时后按上述方法再翻第二次料堆，以后每隔 24 小时翻 1 次堆。每次翻堆时要检查料中水分，翻堆时水分不足要补充水分。一般需翻堆 4～6 次使料发酵成棕红色，无异味为止，开始装袋。

注意问题。发酵时料堆一定要透气，水分应掌握适中(用手紧握料指缝有水不下滴为宜)，发酵时料堆温度一定要达到 60℃以上，维持一段时间再翻堆。前期堆积时间应偏长，后期翻堆时间可短些。

③*发酵好的培养料标准* 培养料色为棕红色，无异味并具有一种特殊的发酵香味。如果有酸臭味是因料细或培养料水分大所致；解决方法是加大料堆透气，酸臭味就会慢慢消失。

(6)装　袋

①栽培袋选择　一般选用26厘米×50厘米的优质聚乙烯筒料。

②装袋　装袋时先把料袋一头用绳活扣扎紧，开始装一层2厘米厚的培养料，播第一层菌种之后，继续装料，要求随装随压实，待培养料装至料袋的1/2时，再播第二层菌种后，继续装料至满袋，再播第三层菌种；第三层菌种播完后，再放一层2厘米厚的培养料(一般每个料袋需播三层菌种，每层菌种必须紧靠料袋的四壁，形成菌种环带)，把料袋口用活扣扎紧，然后在接入料袋的菌种线上每隔0.5～1厘米处用细铁丝打孔通氧发菌。

注意事项。料袋两头接入的菌种一定要离料面2厘米厚处，料温应降至28℃以下，夏季料温应凉透为好。

(7)码袋　夏季，由于外界气温高，一般码1～2层料袋。晚秋、春季，一般码3～5层。冬季，一般码6层。码袋时袋与袋之间应留2～3厘米的空隙，码完一层料袋后，继续按“品”字形摆放第二层，按上述方法摆放达到要求的层数为止。行与行之间应留5～10厘米的空隙，这样有利于通风换气。码袋前室内要清理干净，用杀菌、杀虫剂喷雾，保持室内干燥。

(8)发菌期间的管理

①平菇或榆黄蘑菌丝培养　室内或棚内要求黑暗无光，以利于菌丝的生长。袋内的温度一般应控制在25℃～28℃，这是东北林富牌系列菌种对温度的特殊要求，也是成功的关键，只要袋内温度维持在25℃～28℃，成品率可达100%，由于装袋后袋内的微生物及菌丝生长自然产生热量，使袋内温度可升至40℃以上，所以养菌时一定要注意控制袋内的温度，使之达到25℃～28℃，如果料温达到40℃，2小时后菌种

随之死亡，造成发菌失败。菌丝培养期间应注意通风换气，但要根据室内或棚内的温度来控制。一般料袋内部温度稍高时应加强通风，袋内温度偏低时尽量少通风或不通风，应保持室内环境干燥。料袋内部温度在25℃～28℃时，按每1 000袋计算，每天早、中、晚各通风换气15分钟左右。

②倒袋　码袋时由于中间袋温偏高，所以底部的菌袋应和上部的菌袋调换一下位置，使上层的料袋摆放到底层，中间的料袋应摆放到两边的外边。同时，每个料袋要把朝地面的部位翻过来摆放。一般每隔1～3天翻动1次料袋，翻袋时按上述方法进行。

特别注意。温度超过33℃时虽然菌丝生长速度较快，但时间一长，菌丝易纤细无力，易使菌种退化直接影响出菇产量。

(9)发菌结束后的管理　待菌丝长满菌袋后，整个菌袋都布满了白色菌丝体。此期袋内有黄水出现，要及时把橘黄色的溶液放出，否则黄色的液体将变成凝固的糊状物，影响子实体形成或易出现杂菌。

(10)菌墙式出菇栽培　菌丝长满料袋后开始码袋，菌袋之间要靠紧，以防在菌袋的中间出菇，上层的菌袋放于下层袋的两个袋中间，这样可码得紧密，一般码袋6～8层。两个菌墙中间应留70～75厘米的过道，以便于工作人员管理。菌袋码完后用力拉一下菌袋两头的塑料袋，使袋与料离开一定的空间，同时打开两头的活扣，往地面四周的草帘子或墙壁上喷水，以形成潮湿的环境，使空气相对湿度保持在85%。这种处理方法具有出菇快，原基形成多而齐。出菇时，菌袋两头塑料口千万不要直接打开、卷起或割下，此种方法不但出菇慢，而且出菇不齐，降低总产量。

(11)催　菇

①降温　菌袋码成菌墙后必须降温处理，尤其在8℃～10℃的温差下更有利于出菇快、出菇齐、菇健壮和高产。

②光线　养菌期间室内要求黑暗无光，而催菇和出菇时需要足够的散射光，冬季由于照进室内或菌袋上的阳光微弱，对出菇和生长无影响。

③湿度　催菇时空气相对湿度需85%。

④氧气　结合降温给予适当的通风换气，使室内空气新鲜，为菇体的生长创造好的条件。

(12)出菇时的管理　平菇或榆黄蘑子实体的形成，要经过原基期、桑葚期、珊瑚期、形成期、成长期、成熟采收期。

①原基期　经过催菇阶段3～5天的处理，菌袋两头的气生丝菌减弱，培养料(菌袋两头)形成白色或黑灰色的突起的瘤状物，即原基形成。此期管理的关键是温差，最好使温差拉至8℃～10℃，空气相对湿度应保持在80%～90%，加大温差刺激，菌袋两头很快便形成原基。

②桑葚期　原基形成白色的小颗粒，这是因为它外形如桑葚，故称桑葚期，在温度适宜的情况下可维持2～3天，此时空气相对湿度保持在85%～90%；继续维持昼夜温差。

③珊瑚期　3天左右的桑葚期过后，即分化为珊瑚期。过程是：小颗粒渐渐伸长，变成参差不齐的短杆状，为原始菌柄，形似珊瑚，所以称为珊瑚期。

这一时期的管理非常重要，此时要向空中喷雾，使细雾滴在空中再落下，空气相对湿度保持在85%～90%。

此期菇体代谢作用旺盛，生长快，需要大量新鲜空气和充足的水分，由于菇房内二氧化碳量增多，加之菇体需要充足的氧气，所以要加强通风换气，同时兼顾水分的补充，冬季室内千万不能高温，要根据菌柄的长短确定通风时间，柄长时多通风，柄短时少通风换气。处于珊瑚期的一部分幼菇会因得不到足够的养分而变凋萎，这是正常现象。

④**形成期** 原始菌柄逐渐加粗，并在其顶端形成黑灰色的小扁球这是原始菌盖。原始菌盖生长很快，而菌柄生长则渐转慢，最后发育成平菇。

此期菌丝体的营养物质借菇体的水分蒸腾，大量快速地向菇体内转移，菇体重量可数十倍增加，料中的含水量最好达到 70%，空气相对湿度为 85%～95%。此期由于子实体代谢作用更加旺盛，呼吸强度增加，排出大量二氧化碳，所以必须解决好通风换气和保温的矛盾，继续保持足够的散射光，保证菇体正常发育。

⑤**成长期** 管理同形成期，从珊瑚期开始，菇体逐渐长大，随着菇体的增大，喷雾量要逐渐增大，是此期管理的重点。

⑥**成熟采收期** 一般从原基形成至子实体成熟春秋需 7～10 天，随着温度的偏高或偏低，平菇成熟时间也不同，夏季一般 2～3 天成熟，冬季一般 10～15 天成熟。成熟期的标志边缘由下陷变平展、平展至上翘、颜色由深变浅、菌盖下凹处稍有白色粉状的气生菌丝时应及时采收。

(13)间歇期的管理 平菇采收后，此期间要给培养基内菌丝一段积累养分的时间，停水加大通风提高温度。从头潮菇采收后至 2 潮菇出现一般需要 10～15 天，此期间应做到以下几点。一是清理干净菌袋两头表面的老菇根。二是老菌皮用铁丝耙划开，呈“井”字形，以利于新菇再生。三是加强通风换气，提高温度、降低湿度。四是补充水分。最好利用注水器注入水分，不要浸泡，因浸泡时大量营养流失，但一定要等菌丝恢复生长后再补水。五是补水后再给予温差刺激进入催菇管理。

(14)补加营养液 在采完第二潮菇后，特别是越冬越夏后的菌袋，培养料严重失水，缺少养料，可向菌袋内注入下列营养液，以提高平菇产量。

第一，草木灰 2 千克，加井水或自来水 20 升浸泡取滤液再加清水 10 升，注入菌袋培养料内。

第二，每 50 升水加入 0.2 千克磷酸二氢钾，0.2 千克白糖，溶解后注入菌袋（夏季害虫较多时禁止用白糖）。

2. 平菇菌袋的有效增产措施——覆土蓄水

第一，把菌袋的塑料割下一头，另一头留下 7～8 厘米。

第二，备土。取地表层 10 厘米以下的黑土备用。用少量黑土加水拌至泥状，拌泥时应按 50 千克黑土加入 0.1%（含量 50%）食用菌专用多菌灵和 4%的石灰粉。

第三，把处理完的菌袋摆成两行，菌袋中间距离以 50～60 厘米垒成菌墙，没割塑料袋口的部位朝外，割下塑料袋口的部位相对，50～60 厘米处加土；袋与袋之间用泥把缝填好，每垒一层袋应向里移 0.5～1 厘米，形成两头出菇的梯形菌墙，中间的缝随垒袋随填实土，待菌袋全部垒完后，上面用土垒成水槽，之后在水槽两袋之间土中每隔 30 厘米刺 1 个深孔至菌墙底部。

菌墙全部垒完后待 24 小时后向上部的土槽内浇 1 次水，水中应加少量的石灰，一般 50 升水加入 2.5 千克石灰。以后经常向水槽内浇清水，这样槽中的水分及营养源源不断地渗入菌袋，解决了后期注水难的问题，同时土中的微量元素大量渗入菌袋，可使平菇大幅度增产，根据我们多年的实践证明，可达到普通管理产量的 2 倍以上。

(二)利用黑木耳废料栽培滑子蘑

1. 栽培场地的选择与菇棚搭建

(1)栽培场地的选择 菇棚应搭建在环境清洁干燥,通风良好,水源充足的地方,菇棚搭建以坐北朝南为宜,菇棚不宜建在低洼或畜禽养殖场附近,以免导致杂菌污染。

(2)菇棚搭建 简易菇棚可采用木杆、板条、打包带、铁丝等搭建主架和培养架,草帘子、塑料膜、干杂草等用于大棚遮阳和防雨。简易大棚具有投资少,便于通风和增温的特点,而且在同一菇棚可以完成从发菌到栽培出菇。简易棚的结构规格宽为6～8米,两边支柱高2米,中间支柱高3米,长度视场地情况而定,每平方米可摆放16盘。一般菇棚边架宽以0.8米为宜,中间发菌架以1.2米宽为宜,人行管理道以1米宽为宜,层距以30厘米为宜,最低层架离地面20厘米为宜,总架层以6～7层为宜。

(3)搭建菇棚注意事项

第一,搭建菇棚立柱靠地面的一头处应用石板等物垫好,防止地软或雨天立柱下沉致使菇棚倒塌。

第二,搭建菇棚时应打好"X"字形拉架,防止菇棚倒塌。

第三,菇棚四周可用草帘或遮阳网遮挡,棚顶盖塑料布加遮阳物,晚生品种出菇时,菇棚应全部盖塑料布保温。

2. 品种的选择

选用东北林富牌中早生或中晚生滑子蘑优良菌种,它具有出菇整齐、产量高、抗杂菌力强,该品种色泽好,适宜加工腌制,菇体也可直接晾晒。

3. 栽培原料质量要求

第一，先把出耳后的锯木屑菌料加工粉碎，每40千克锯木屑菌料加入10千克豆秸秆粉或玉米芯（玉米芯粉碎至绿豆粒大小）。

第二，玉米粉、稻糠、麦麸必须选择新鲜的，无霉变、无结块、无虫蛀的为原料。

4. 滑子蘑的配方与拌料过程

（1）滑子蘑配方 锯木屑菌料40千克，豆秸秆粉或玉米芯（粉碎至绿豆粒大小）10千克，麦麸4.5千克，细稻糠1.5千克，玉米粉0.15千克，石膏粉0.35千克，石灰粉0.35千克，食盐25克，水分65%，pH值7左右。

（2）拌料过程 先把锯木屑菌料、豆秸秆粉（玉米芯原料应提前6～8小时用清水拌料，使玉米芯吃透水后），再将麦麸、细稻糠、玉米粉一同放入锯木屑原料中充分拌均匀，食盐用水溶化后放入培养料中，再继续加水，湿料拌匀后，用每平方厘米1个孔的筛子，湿料筛两遍，使培养料充分混合均匀。拌好的培养料，用手紧握成团，触及即散，用手紧握料，指缝有水渗出而不滴为宜，含水量以65%为宜。

5. 装袋与灭菌

（1）装袋 首先将拌好的培养料装入宽30厘米，高60厘米的编织袋中，装袋时，培养料不要压实，装满编织袋时，扎好袋口，待培养料全部装完后，开始用蒸锅灭菌。

（2）灭菌 常压锅蒸汽灭菌的具体操作方法是，锅内加足水后，放好锅帘，把已装好的培养料袋按“井”字形摆放在蒸锅里。装满锅后封闭好锅门，开始大火加热，锅上面的排气阀打开，待排气阀往外冒直气时，关闭排气阀，当盘式温度指针达到100℃时，开始计算灭菌时间。保持恒温100℃灭菌8～10

小时，停止加温再继续焖锅6小时后，打开锅门开始料袋出锅。蒸锅中途需加水时，应加80℃以上的开水，每加1次水应延长灭菌30～60分钟。

(3)分装 当蒸锅达到灭菌时间后，打开锅门稍凉即可将料袋出锅，出锅后的料袋应放入已消毒好的接种室内。之后趁热分装到26厘米×37厘米无毒专用的塑料薄膜袋内（装袋时工作人员必须戴上医用手套，装料工具必须用3%的来苏儿溶液擦洗消毒1遍，每袋可装湿料1.25～1.5千克），装完料后压平压实，把培养料压成厚度为4.5～5.5厘米的菌盘为宜。装袋后应及时冷却，把塑料薄膜袋口拧好，每层叠放3～5个料袋，袋与袋之间应留缝，使料袋快速降温。

6. 接　种

(1)接种 当料袋内温度降至20℃时开始接种，接种时工作人员的工作服、手和所用工具等全部用3%来苏儿溶液消毒，关好门窗静风接种，接种时每3个人为1组，1人打开袋（塑料薄膜袋），1人快速把菌种均匀地撒在培养料表面，稍压实后，另一个人快速系好袋口即接菌结束。接种季节以3月初开始为最佳。

(2)接种时的要求 菌种不要掰得过碎和过多，尽量随接种随掰碎菌块，更不能使掰好的菌种隔夜。一般每袋栽培种（三级菌）要求转接料袋20盘左右，菌种块不要过大，以免发菌后期菌种老化。料袋表面菌种必须撒均匀，否则易污染杂菌。

(3)发菌棚的处理 首先把搭好的简易菇棚四周用草帘或遮阳网挡严并固定好，棚顶上部先放一层厚塑料布（防雨），在塑料布上面盖一层草帘并固定好，待菇棚全部整理好后，棚内的发菌架、草帘等用含量70%甲基托布津，用0.2%浓度的溶液喷雾1遍，干后再喷1次含量50%的多菌灵，用0.2%浓度的溶液。地面撒一层生石灰粉，用于防潮防杂菌。

7. 管 理

(1)菌丝培养管理 因接种在3月份，此时气温较低，不需菌盘立即上架，应搬到发菌场地进行临时堆放。堆放的目的是保温较好，菌种萌发快，减少杂菌污染率。接好菌的料袋，一般每6～8盘叠在一起，最上面的菌盘需袋口朝下叠放。盘与盘之间应留5～10厘米的距离，这样有利于通风降温，摆完后，四周及上面用草帘子等物覆盖。前期增温、遮光，后期降温、通风。此期温度以5℃～10℃为宜。

应做好以下几点管理工作。此期发菌应防风或大风天气把遮阳物刮掉；防晒，防阳光直射；防老鼠毁破菌袋，地面应撒老鼠药，做好灭鼠工作；防“烧菌”，待料盘内的菌种萌发并吃料时，应注意加强菌堆的通风换气，不要使温度过高。堆垛发菌时间不宜太长，应根据气温回升的快慢而定；当气温上升时，一般5月初开始菌盘上架，上架时发酵较好的菌盘应单盘摆放在架子的最上方，发酵差的菌盘放在下层，稍有杂菌的应放地面上，加强菇棚通风换气，低温培养菌丝，滑子蘑从接种至出菇整个发菌时间需6～7个月，上架之后逐渐进入伏季，气温较高，此时对菇棚内的温度应加强管理，要根据温度的高低，菇棚的保温性能，菌丝发育程度来掌握，一般菇棚内的温度以20℃～25℃为宜，但不能超过28℃。经过几个月的发菌，菌块表面形成蜡质层后，表明菌块的发菌已结束，此时温度应控制在28℃以下。

(2)出菇管理 进入8月初开始开盘出菇，此期菇棚内的温度应控制在25℃以下。打开料盘后，用8号铁丝做的小耙(耙齿距离以3厘米为宜)，在菌盘表面蜡膜上先横划、再顺划数道口，划口深度以0.5～1厘米为宜，划口时应根据蜡膜的厚薄来划口，蜡膜厚的应划口深一些，蜡膜薄的或没有蜡膜的不需划口，划口后的菌块，最好继续用塑料袋盖好，愈合划痕菌丝2～3天，待菌丝愈合后，用刀片割掉上部的塑料膜，开始往菌块料面上喷水，使料块含水量达到75%，从而使菌块内的氧气含量相对减少，促使滑子蘑菌丝进入出菇状态。

喷水时应注意以下几点。由于气温变化不稳，温度有时突然下降但又出现气温回升时，致使菇棚内温度超过25℃以上时，这时应停止向菌盘上喷水，每天可往地面浇水降温，防止菌盘腐烂和感染杂菌。晚上应向菌盘上面少量喷水，待高温过后再恢复喷水。当原基形成并长至米粒状菇蕾时，应停止向菌盘上喷大水，多往菇棚四周的草帘上和地面、棚内的空间多喷水，增加菇棚湿度，可使菌盘出菇整齐。喷水要求，以培养基含水量75%为宜，菇棚空气相对湿度以85%～95%为宜，要求经常通风、换气，以免成批的菇蕾萎缩死亡。

8. 采收与加工

(1)采收 从菌盘上长出原基，逐渐长成小菇蕾，一般10天左右即可长大，此时应及时采收，采收应按收购质量标准进行。采菇方法是用手捏住滑子蘑根部轻轻摘下，以不损伤培养基为宜，摘断的菇根及时抠掉。摘菇时要求采大留小，对于丛菇要求生长达到多数符合规格后一次摘下。采收后及时清理好菌盘表面，清除菇根，并停止向菌盘上喷水，有利于菌丝积累更多的营养，以利于下潮出菇。一般停水5天后继续按上述管理，10天左右即可长出新菇。

采摘的滑子蘑放在干净的容器内，并要求随采摘随加工，不易存放时间过长，否则，容易使菇体快速开伞，影响质量。加工时应在一个干净的室内进行，要剪掉老化的根，并按要求分好等级。

(2)盐渍 采收加工分级后，要及时进行盐渍；首先把水烧开，将加工后的滑子蘑下锅，锅内水再重新沸腾后煮 3～5 分钟；要求火要旺，菇要煮透，菇体内的气体要全部排出，水煮时用笊篱轻轻不断翻转。煮后捞出放在洁净的铁筛网上或流动凉水中冷却。冷却时最好使菇体凉透，盐渍时缸底撒一层盐，放一层菇再撒一层盐，按上述操作直至缸装满为止。也可按每 0.5 千克菇放 0.2 千克盐的比例拌匀，倒入容器内进行盐渍，上面撒一层食盐覆盖住菇体。盐渍时也可采用挖坑铺无毒的塑料布或用大塑料袋盐渍，注意防水淹、防阳光暴晒、防止盐用量不足。

(三)利用黑木耳废料栽培元蘑

元蘑，即亚侧耳，又名冻蘑、黄蘑、晚生北风菌，是我国著名的野生食用菌之一。

1. 元蘑形态特征

元蘑子实体直径 3～15 厘米，扁半球形至平展，有后缘，菌盖黏滑，土黄色或浅黄色，有短绒毛，边缘初时内卷，后平直；菌肉白色，较厚；菌褶延生，较密至稍稀，后平直；菌柄短，仅 1～2 厘米，粗 2～3 厘米，白色或淡黄色，基部有绒毛、中实。孢子平滑，无色，近柱形，孢子印白色。

2. 元蘑生长发育所需的生活条件

(1)营养 元蘑是一种木腐性菌类，野生营养来源主要靠倒木内部的木质组织。人工栽培一般用锯木屑、树叶粉、棉籽壳、玉米芯、豆秸秆等含有木质和纤维量多的原料，再加入适量的玉米粉或黄豆粉就能满足所需的碳、氮源。

(2)温度 菌丝生长温度范围9℃～30℃，以20℃～24℃最适，子实体在9℃～21℃温度下均可生长，以15℃～18℃为最佳。

(3)水分 人工栽培元蘑培养料的含水量为65%，出菇和栽培管理期间空气相对湿度以85%～90%为宜。

(4)酸碱度 菌丝生长适宜的pH值为5.5，配料灭菌前应将pH值调至6.5～8。

(5)空气 元蘑属于好气性真菌，菌丝在基质内对氧气要求不严。栽培出菇期间，要求有足够的氧气，通风换气良好，空气清新，有利于菇体正常生长发育。

(6)光线 元蘑菌丝发酵期间不需要光照。出菇管理期间必须做到在"三阳七阴"环境中生长。

3. 元蘑菌种生产及栽培管理技术

(1)栽培季节 元蘑属于中温偏低型不需变温的菌类，菌丝生长比较缓慢。根据这一特性，栽培季节，春季以当地气温稳定在9℃以上(4月初至4月中旬)开始割口出菇管理。秋季以当地气温稳定在22℃以下(8月15日)开始割口出菇管理。以此为界向前推30～50天为元蘑(栽培种)菌袋接种期。如若晚秋在保护大棚内控温环境出菇，可在8月初接种，菌丝培养30～50天可长满全袋，进入10～11月份棚内进行控温出菇管理。

(2)培养料的科学配方及配制方法

①*科学配方* 锯木屑废菌料30千克，豆秸秆粉或棉籽壳10千克，玉米粉1千克，黄豆粉0.5千克，磷酸二氢钾50克，石膏粉0.25千克，石灰粉0.25千克，食盐25克，水分65%，pH值6.5～7。

②*配制方法* 同其他拌料方法相同，使培养料湿料拌匀

后，再用每平方厘米1个孔的铁丝筛筛料2遍，使湿料无块更均匀，含水量达到65%。

(3)装袋、灭菌与接种

①装袋　培养料拌匀后开始装袋(料袋最好选用17厘×35厘米，厚度为0.45毫米的合格的聚乙烯袋)，用装袋机装袋，装料高度以20厘米为宜，装袋要求只要不胀破料袋越紧越好，装完一袋后，把刺孔时带出的散料倒出，防止散料堵住刺口。然后把料袋合拢一起下压排出料袋内部的空气，把拢好的袋口握住顺时针方向拧半个劲，然后用手指按住拧好的袋口，袋口向下倒立摆放在密底铁筐里或木板蒸锅帘子上(每个铁筐或每层木板帘子上可倒袋摆放2层料袋)。

②灭菌　同其他灭菌方法相同。

(4)开放式接种　灭好菌的料袋全部搬到接种室内，同时所用的接种工具和菌种一起放入接种室内，工作台上放好臭氧接种器，接种器上方安装一个250瓦的红外线灯，在接种室上方安装两只40瓦的紫外线灯管。之后打开接种室紫外线灯和接种器双开关，同时每立方米空间用5克菇保王或克霉灵烟雾熏蒸消毒。紫外线灯应预照20分钟，待紫外线光波稳定后，继续消毒30分钟后关闭，烟雾熏蒸达到2～3小时，尔后待料温降至26℃以下开始接种。接种时工作人员戴上口罩和医用手套，手套用75%酒精棉擦洗1遍，之后用3%的来苏儿溶液消毒工作台和净化空间烟雾，打开红外线灯预热3分钟，在接种器前10厘米处(无菌区)打开原种袋，去掉原种袋内上面的老化层，再拧开已灭好菌的料袋，快速用无菌勺从原种袋内舀出一勺菌种放入栽培袋内，再拧好袋口即可接完一袋(接种勺应先在酒精灯火焰上烧灼消毒)，接菌整个过程必须在无菌区操作，按上述方法把全部料袋接完菌种为止。

一般每袋原种(重量1千克左右)可转接规格17厘米×35厘米的栽培袋80袋左右。

(5)培养室的处理与吊袋菌丝培养

①培养室的处理　首先把室内杂物清理干净。培养室的墙壁要求光滑平整,用石灰水粉刷1遍室内,用干木杆在培养室最上方每隔1.5米竖1根粗横杆,在每根横杆的下面每隔1.5米搭1个立柱,待立柱全部整理好后,再在室内上方的横杆上,每隔30厘米的距离放1根小细杆,之后在小细杆上每隔30厘米拴1根细绳(吊袋专用绳),在每根绳25厘米处拴1根短木棒,作为吊袋备用,搭好吊袋架后,室内温度升至28℃~30℃保温24小时,之后用含量70%的甲基托布津,用0.1%浓度的溶液把室内全部墙壁和菌架喷洒1遍,这时室内形成了高温、高湿条件,每立方米空间用15克硫黄烟雾熏蒸,同时用高浓度甲醛10毫升,高锰酸钾5~6克熏蒸灭菌,封闭门窗12小时后,室内继续加温快速把室内的墙壁和吊袋支架全部烘干,地面撒一层生石灰防潮、防病菌。

②吊袋菌丝培养　料袋接完菌种后应立即装入透明的方便袋内,菌袋口朝上(每个方便袋内可装5个栽培袋),将装完菌的方便袋快速拎到培养室,双袋左右分开挂在已栓好的短木棒上(木棒以5厘米长为宜),室内保持黑暗。方便袋之间距离以5厘米为宜。发菌前1~10天是菌丝萌发定殖期,室内温度以24℃为最佳。此期不需要通风换气,但温度不能超过28℃,因长期超温,菌丝新陈代谢加快,使料面上黄水增加,不但影响原基形成,而且易出现病菌和降低产量。总之,待菌种萌发并封满料面时室内温度应升至26℃,使菌丝快速生长,待菌丝长至2/3时室内温度应降至20℃以下,发菌期间每天检查1遍有无杂菌出现,如发现菌袋内长有红、绿、黄

等颜色，均为杂菌，应马上隔离培养室。经常往地面撒生石灰粉使室内干燥，防潮、防杂菌。待菌丝即将长满袋时，菌丝开始进入生理成熟阶段，即将由营养生长过渡到生殖生长，此时室内温度应控制在18℃为宜。要经常通风换气，使室内空气新鲜。一般30～50天菌丝可长满全袋，之后再转入割口催芽出菇管理。

4. 元蘑栽培管理技术

野外棚式立体吊袋出菇管理技术。利用野外大棚有利条件立体吊袋栽培元蘑，具有保温、保湿性好，管理方便、省水、占地面积小，而且立体吊袋栽培数量多，是一种比较经济的栽培方式。野外大棚立体吊袋做法，用木杆搭好吊袋架子(一般棚宽6米，边高2米，中间高2.5～3米，长15米，可立体栽培1万袋)后，棚的四周和棚顶全部用草帘子或遮阳网挡光遮阴，棚顶必须盖上一层塑料布，防止雨天棚顶漏水。吊袋前先用0.1%(含量70%)浓度的甲基托布津溶液，把棚内四周遮阳物和地面喷雾1次，使棚内四周遮阳物和地面湿透，稍干后，再往地面上撒一层生石灰粉消毒后，在棚内上面每个小横杆上面，每隔30厘米处，绑1根尼龙绳用于吊袋。然后把所有的菌袋消毒，菌袋消毒稍干后开始用尼龙绳把袋口绑死，多余的袋口下再用尼龙绳绑好，即可吊完一袋。第二袋的距离，袋口绑绳处和第一袋底部水平。吊完一根绳后开始割口，割口方式，每个17厘米×35厘米的菌袋可割7个"V"字形口，即菌袋上面割6个口，袋底割1个口。特别注意，千万不要先割口后绑袋，这样菌料容易与料袋脱离，菇芽形成不齐。

按照上述绑法，整个大棚绑完为止。一般每根尼龙绳(按棚高2米)可吊袋7袋。吊袋时应按"品"字形进行，袋与袋之间距离不能少于25厘米，行与行之间距离不能少于30厘米

(如吊袋密度大,栽培到中后期,通风不好,特别是在高温、高湿条件下,很容易出现菇片停止生长,易弹射孢子,烂菇现象严重,影响元蘑的质量和产量)。所有的菌袋吊完并割口后,用干净的河水或井水每天往棚内地面和四周的草帘子上喷水(要求喷水呈雾状)3～4次。此期,菌丝内部生理变化处于整个生育过程的高峰。空气相对湿度的高低直接影响元蘑原基形成。原基形成期间空气相对湿度达到80%～85%,才有利于元蘑原基的快速形成,使菇蕾形成率可达到95%～100%。棚内温度应控制在20℃以下,以18℃为最佳。立体吊袋栽培元蘑,在出菇期间管理必须注意保湿、通风、温度适宜。因立体吊袋菌袋层数多,喷水要求上层多喷、勤喷和细喷。下层的菌袋要求少喷、微喷。防止上层由于缺水或湿度小,造成菇蕾形成和菇片生长慢或停止生长;下层的菌袋因水分过大,造成烂菇和杂菌污染。

一般菌袋从割口至原基形成需要6～12天,此间是栽培出菇率和产量高低最关键时期,此期温度应控制在15℃～20℃,以18℃为最佳。如割口出菇期间温度超过20℃,原基难以形成或出菇少,降低产量。需通风换气时,时间也不能太长,以免降低空气相对湿度。一般棚内封闭一夜的时间,由于菌丝吸收大量氧气,棚内空气污浊,有异味,缺少新鲜氧气,不利于原基形成。每天早晨应通风换气1次。一旦遇到气温升高时,可采用加厚棚顶遮阳物,用井水往棚顶、大棚四周的草帘子和棚内的地面喷水降温。在原基形成期要求空气新鲜,最好是静风栽培,空气流动量越小越好。

立体吊袋栽培元蘑,因在温度、湿度、光照、上层菌袋与下层菌袋空气相对湿度,都有所不同。育菇期间原基形成也不同,色泽深浅也不一样。为了避免这些问题,无论幼菇生长阶段和子实体伸展长大阶段，喷水应掌握春天干旱季节，立体吊袋的上层，靠近大棚外边的四周的菌袋，都能出现菇芽或菇朵发干，卷缩缺水现象。因此在野外大棚最上方，人行管理道两边的栽培袋中间各固定放1根微喷带，喷水口朝下。大棚上层菌袋应多喷、勤喷和细喷，下层应少喷或不喷。棚内四周靠边的菌袋有时喷不到水或不均匀时，应用手拿喷头均匀喷1遍，以保证正常生长的湿度。温度较低或较高时，立体吊袋中间部位和下层部位，千万不能湿度过大，以免出现烂菇、死菇和杂菌污染等现象。出菇中后期棚内更要经常通风换气，保持棚内空气新鲜流通。阴天要适量少喷，雨天根据情况少喷或不喷，菇片光泽有湿润感即达到喷水管理的标准。

总之，在管理期间菇片不卷边时不需喷水。当菇片长至3厘米时每隔3天喷1次0.1%浓度的味精水，防止菇体提前弹射孢子，停止生长，增加菇片厚度以提高总产量。经过上述栽培管理，一般从原基形成至子实体成熟需15～20天。

5. 元蘑最佳采收时间及标准

(1)元蘑的采收时间 采收元蘑应掌握好时机，不要把还未成熟的菇片及生长过熟的菇片采下，以免影响元蘑的产量和质量。元蘑标准采摘时期，以菇片全部开片平展，长至八成熟时开始采收。采收时，应选择晴朗天气、阳光充足时，集中人力采摘元蘑。采收时一手握住菌袋，另一手握住元蘑根部，轻轻掰下来，要求采大留小，采摘后的元蘑，必须清理干净菇根上的培养料，否则影响元蘑的质量和出售价格。菇根清理干净后，把菇体掰成片状即可晾晒。

(2)元蘑晾晒与加工 采收后的元蘑含水量较大，必须及时加工干制，以防腐烂变质。因此在采收时要按照上述操作，必须使鲜菇干净卫生，菇根不带菌料。晾晒时，应选择天气晴朗、阳光充足时，将采收加工好的鲜元蘑单片摆放在专用尼龙纱网上（尼龙纱网应放在事先做好的晾晒架上）。在烈日下2～3天后，即可全部晾晒干透。晾晒时，菇体不要翻动，直至晒干为止。

有烘干设备的，把鲜菇加工整理好后，可直接把单片摆放在铁筛网上，微热烘干。在烘干过程中，室内温度不应超过40℃，防止元蘑烘焦影响产品质量。经常通风换气，排放室内湿热空气，加快鲜菇水分蒸发。待元蘑全部烘干后，由于元蘑角质硬脆，容易吸湿回潮，应当妥善保管。为了防止元蘑变质和虫蛀造成损失，可用干净透气的玻璃丝袋装满元蘑，把袋口封严，装成大袋的元蘑应放在荫凉，并通风、干燥的地方保存或出售。

（四）利用黑木耳废料覆土栽培榛蘑

榛蘑，又称蜜环菌，是我国著名的野生食用菌之一，它分布于黑龙江、辽宁、吉林等地。野生榛蘑能分泌活力很高的纤维素酶和半纤维素酶，因而能在各种锯木屑（包括阔叶、针叶树）上生长。

1. 榛蘑形态特征

榛蘑子实体直径3～8厘米，菌盖带斑点，呈黄褐色或浅黄褐色，菌柄长6～10厘米，粗2～3厘米，基部稍粗、中实。孢子平滑，无色，近柱形，孢子印白色。

2. 榛蘑生长发育所需的生活条件

（1）营养　榛蘑是一种草腐性菌类，野生营养来源主要靠落地树叶及枯死木桩内部的木质组织。人工栽培一般用锯木屑、树叶粉、棉籽壳、玉米芯、豆秸秆等含有木质和纤维量多的原料，再加入适量的玉米粉或黄豆粉就能满足所需的碳、氮源。

(2)温度 菌丝生长温度范围6℃～30℃，以18℃～24℃最宜，子实体在10℃～22℃均可生长，以15℃～20℃为最佳。

(3)水分 人工栽培榛蘑培养料的含水量以120%～150%为最佳，出菇和栽培管理期间空气相对湿度以85%～90%为宜。

(4)酸碱度 菌丝生长适宜的pH值为5.5，配料灭菌前应将pH值调至6.5～7。

(5)空气 榛蘑属好气性真菌，菌丝在基质内对氧气要求不严，而整个生长期间都需要充足的氧气，通风换气良好，空气清新，有利于菇体正常发育生长。

(6)光线 榛蘑菌丝发酵期间不需要光照。在出菇管理期间在"三阳七阴"的环境中生长为宜。

3. 榛蘑生产及栽培管理技术

(1)栽培季节 榛蘑属于中低温型，需温差刺激才能出菇早生长快。根据这一特性，栽培季节，我国东北地区春季以当地气温稳定在10℃以上(4月初)开始脱袋覆土出菇管理。秋季以当地气温稳定在22℃～26℃(7月中旬至8月初)开始脱袋覆土出菇管理。以此为界向前推30～50天为榛蘑(栽培种)菌袋接种期。如若晚秋在保护大棚内控温环境出菇，可在9月初接种，菌丝培养30～50天可长满全袋，进入10月初至10月下旬棚内控温出菇管理。

(2)培养料的科学配方及配制方法

①科学配方

配方一：锯木屑废菌料30千克，豆秸秆或棉籽壳10千克，玉米粉1千克，黄豆粉0.5千克，磷酸二氢钾50克，石膏粉0.5千克，食盐25克，水分120%～150%，pH值5.5～6为宜。

配方二：玉米芯废菌料30千克，豆秸秆或棉籽壳10千克，玉米粉（加工粉碎越细越好）2.5千克，磷酸二氢钾100克，石膏粉0.5千克，石灰粉0.15千克，食盐25克，水分120%～150%，pH值5.5～6。

②**配制方法** 首先称取所需数量的干锯木屑废菌料或玉米芯废菌料，摊放在水泥地面上，把豆秸秆或棉籽壳放入锯木屑废菌料或玉米芯废菌料中干料拌匀后，再把玉米粉、黄豆粉等均匀地撒在上面，继续干料混合拌匀。然后把石膏、石灰、磷酸二氢钾、食盐等用水分别溶化后均匀地泼在干料上，要求随拌料随泼水，培养料湿料拌匀后，再用每平方厘米1个孔的铁丝筛筛料2遍，使湿料无块更加均匀，含水量达到70%为宜，即双手握料手指缝滴水为宜。

(3)装袋、灭菌与接种

①**装袋** 培养料拌匀后开始装袋（菌袋最好选用16.5厘米×35厘米，厚为0.45毫米合格的聚乙烯袋），用装袋机装袋，装料高度以19厘米为宜，装袋要求松紧适宜，装完一袋后，再往菌袋内注入洁净的井水或自来水至高出培养基平面2～4厘米，然后把料袋合拢在一起，把拢好的袋口握住顺时针方向拧半个劲并套上橡皮筋，袋口朝上摆放在菌袋专用铁筐里。

②**灭菌** 方法同开放式接种，参阅"元蘑栽培灭菌及开放式接种"的内容。

(4)培养室的处理与吊袋菌丝培养 料袋接完菌种后应立即装入透明的方便袋内，菌袋口朝上（每个方便袋内可装5个料袋），将装满料袋的方便袋快速拎到培养室，双袋左右分开挂在已拴好的短木棒上(木棒以5厘米长为宜),室内保持黑暗。方便袋之间距离以5厘米为宜。发菌前1～10天内是菌丝萌发定殖期,室内温度以22℃为最佳。此期不需要通风换气,但温度不能超过25℃,因长期超温,菌丝新陈代谢加快,使料面上黄水增加,不但影响原基形成,而且易出现杂菌和降低产量。总之待菌种萌发并封满料面时室内温度应升至24℃使菌丝快速生长,待菌丝长至2/3时室内温度应降至20℃以下。发菌期间每天检查1遍有无杂菌出现,如发现菌袋内出现绿、黄等颜色均为杂菌,应马上隔离培养室。经常往地面撒生石灰粉使室内干燥,防潮、防杂。待菌丝即将长满袋时,菌丝开始进入生理成熟阶段,即将由营养生长过渡到生殖生长,此时室内温度应控制在18℃为宜。要经常通风换气,使室内空气新鲜。一般35～50天菌丝及菌索可长满全袋。之后再转入脱袋覆土愈合菌丝,催芽出菇管理。

(5)出菇管理方式

①野外大地脱袋覆土栽培榛蘑高产新技术　野外大地覆土栽培榛蘑,具有空气新鲜,杂菌污染少等优点。首先应选择平整不存水的地块作为栽培场地,之后,开始挖地槽。地槽深度以12厘米为宜,地槽宽度以1.2米为宜,长度因地势而定。地槽挖完后用0.1%(含量70%)浓度的甲基托布津溶液喷雾1遍,之后,把榛蘑菌袋脱掉,使榛蘑菌柱站立排放在地槽内,菌柱与菌柱之间距离2厘米,摆完一床后,菌柱上面加盖一层2～3厘米厚的pH值为5的微酸性土壤;用水把菌床上面的土壤喷透,盖上一层薄塑料膜,之后,在菌床上面搭好遮阳棚,遮阳棚离地床面以50厘米为宜,上面盖2层遮阳网或1层草帘子保湿。此期地温度以18℃～20℃为宜。一般从菌柱覆土到原基形成需10～15天。待原基形成后使地床

内空气相对湿度提高至90%以上，前期可每天往子实体上面以雾状形式喷水2～3次，中期每天以雾状形式喷水1～2次。但后期不能往子实体上喷水，防止菇体积水腐烂。随着榛蘑增大，喷水量也需加大，可往地面喷水。此期温度以15℃～20℃为宜，喷水时应灵活掌握喷水量，根据天气情况而定，晴天多喷，阴天少喷，雨天不喷水，并覆盖塑料膜防雨。经过上述栽培管理，一般从原基形成至子实体成熟需6～10天。待菇盖稍展开后即可采收。

②*林间仿野生脱袋覆土栽培榛蘑新技术* 利用林区的自然条件，林间覆土栽培榛蘑，具有成本低，空气新鲜，杂菌污染少，空气湿度大和自然遮阴等优点。首先应选择坡度不存水，林间7阴3阳的栽培场地，把林间的杂草清理干净。开始顺坡形挖深10厘米的地槽。地槽用0.1%(含量70%)浓度的甲基托布津溶液喷雾1遍后，把榛蘑菌袋脱掉，之后，顺坡使榛蘑菌柱卧倒排放在地槽内，菌柱之间距离2厘米，地槽宽度以60～80厘米为宜，摆完一床后，菌柱上面加盖一层2～3厘米厚的pH值为5的微酸性土壤，之后，用水把菌床上面的土壤喷透，并在上面盖上一层厚树叶保湿。一般每天往地床上面喷水2～3次，如风大天气干燥时，应多喷几次水，确保菌床湿润。由于林间早晨雾气大，空气好，加之人工浇水保湿。一般从菌柱覆土至原基形成需10～15天。待原基形成后使空气相对湿度提高至90%以上，因林间栽培保湿性差，应加大地面浇水量和空气相对湿度。前期可每天往子实体上面以雾状形式喷水2～3次，中期每天以雾状形式喷水1～2次。但后期不能往子实体上喷水，防止菇体积水腐烂。随着榛蘑增大，喷水量也需加大。此期温度以15℃～20℃为宜，喷水时应灵活掌握喷水量，并离开菇体30～50厘米高的距离盖上塑

料膜防雨。经过上述栽培管理，一般林间栽培榛蘑，从原基形成至子实体成熟需 6～10 天。待菇盖稍展开后即可采收。

(6)榛蘑最佳采收时间及标准

①采收时间　采收榛蘑应掌握好时机，不要把还未成熟的菇体及开伞过大的菇体采下，以免影响榛蘑的产量和质量。榛蘑标准采摘时期，以菇盖稍开后，长至八成熟时，开始采收。应选择晴朗天气采摘榛蘑。采收时双手握住菇根底部，轻轻转动半个圈掰下来，要求采摘后的榛蘑，必须清理干净菇根上的培养料，否则影响榛蘑的质量和出售价格。菇根清理干净后，即可晾晒。

②采收后的晾晒与加工　采收后的榛蘑，应及时加工干制，以防腐烂变质和变色。因此在采收时要按照上述操作，必须使鲜菇干净卫生，菇根不带菌料。晾晒时，应选择天气晴朗、阳光充足时，将采收加工好的鲜榛蘑单个或整朵摆放在专用尼龙纱网上(尼龙纱网应放在事先做好的晾晒架上)。在烈日下2～3 天，即可全部晾晒干透。晾晒时，菇体应翻动 1～2 次，直至晒干为止。在晾晒期间每天夜间盖上塑料膜(塑料膜应离开菇体 50～90 厘米)防止露水落到菇体上，使菇体变色影响产品质量和价格。待榛蘑全部晾干后，用干净透气的玻璃丝袋装满榛蘑(由于榛蘑菇质硬脆，容易吸湿回潮)，把袋口封严，装满大袋的榛蘑应放在通风、干燥的地方保存或出售。

(五) 出耳后的菌糠再生产黑木耳的利用率

选择出耳后没有杂菌污染的菌袋，脱掉外袋，通过粉碎机把菌糠加工粉碎，在阳光下暴晒 2～3 天备用。一般出耳后的菌糠再生产黑木耳，利用率占总料的 30%，即 35 千克新鲜原料，可加入15千克加工粉碎的菌糠料。其配方、拌料、灭菌、栽培等过程，参见“黑木耳制种与栽培管理”的内容。

（六）出耳后的废料综合利用

出耳后的废料除栽培上述食用菌外，还可加工菌糠饲料、菌糠肥料、压缩菌料木棒等，变废为宝。目前，各地黑木耳栽培区，出耳后的菌袋随处扔掉，既浪费了可利用资源又严重的污染了环境。特别是四处扔放的菌袋风化破裂后，随风飘走，形成白色垃圾污染，剩余的废菌料变质后，同样形成各种杂菌并污染环境。因此，采收后的废菌袋应及时分级处理加工，没有杂菌污染的菌袋和被污染杂菌的菌袋分别选出单放并脱掉塑料袋（废塑料袋膜有回收处）。脱袋后没有杂菌污染的菌料应用粉碎机加工粉碎并及时晾晒干透备用。如树叶、锯木屑培养料可加工成菌糠肥料；如玉米芯、豆秸秆培养料可加工成菌糠饲料；所有被污染杂菌的菌料可加工压缩成菌料木棒。

1. 菌糠肥料

做基肥用，每667平方米土地施用500千克，可使作物增产20%以上，而且使板结的土地变得松散，它是一种纯绿色菌肥。

2. 菌糠饲料

可用于猪、牛、羊、兔等家畜的饲料，配料时菌糠饲料加入量分别是总料量的20%，30%，30%～40%，35%。利用菌糠饲料喂养猪、牛、羊、兔，是一种纯绿色饲料，它具有促进食欲，生长快等优点。

3. 压缩菌棒

污染杂菌的菌料可加工压缩成菌料木棒，可直接用于住室或温室大棚取暖，也可用于食用菌菌丝培养增温燃料。它具有产生煤烟少，火力旺，燃烧时间长等优点。

（七）黑木耳栽培主产区应注意的事项

目前，各地黑木耳栽培主产区，制作菌种及栽培时，杂菌污染现象越来越严重，其原因是各地黑木耳栽培者，采收后的废菌袋及杂菌袋，不及时收回统一处理。特别是生产制种期间，菌袋污染了链孢霉后，又重新把链孢霉污染袋蒸锅灭菌，再用于接种黑木耳。总结多年的经验，污染了链孢霉的菌袋重新蒸锅灭菌后，不但不能解决上述问题，反而，使蒸锅内、接种室、发菌室均能造成更严重的链孢霉污染现象。目前，各地出现该杂菌时，耳农普遍把污染的链孢霉菌袋，随便扔进河里或其他地方。当达到高温、高湿的条件，扔到各地的链孢霉污染袋，孢子大量萌发并随风传播，使空间有大量的链孢霉孢子，形成空气污染，给食用菌生产造成严重的危害，致使该地区制种污染严重或被迫停止生产。综述以上状况，黑木耳主产区，应高度重视杂菌污染的危害性。因此，一旦出现杂菌污染应及时妥善处理，特别是出现链孢杂菌时，各地黑木耳生产者应及时集中烧毁或深埋，减少杂菌污染源，使黑木耳栽培事业得到健康的发展。

九、黑木耳代料栽培疑难解答

(一)雨淋陈旧堆积的阔叶锯木屑是否能做代料栽培黑木耳原料?

除针叶树种外,其他雨淋陈旧堆积的阔叶硬杂木锯木屑,只要没有霉菌污染,均可用于黑木耳代料栽培原料。一般雨淋陈旧大堆锯木屑,料内温度较高,形成白色放射性菌丝,使锯木屑自然发酵熟化。这种锯木屑用来代料栽培黑木耳具有成本低、发菌快、菌丝洁白健壮、生命力强、产量高等优点。因此,陈旧的锯木屑可用于代料栽培黑木耳原料。

(二)黑木耳代料栽培菌种怎样分级?

黑木耳菌种的分级与其他食用菌相类似,其中包括母种、原种和栽培种。

1. 母　种

又称一级菌种、试管种。它一般是接种在试管内的琼脂斜面培养基上进行培养。母种数量很少,且较细弱,还不能用来大量接种和栽培,只能用作传代繁殖。

2. 原　种

又称二级菌种。把母种移接到菌种瓶或料袋内的木屑等培养基上,所培育出来的菌丝体称为原种。原种虽然可以用来栽培产生子实体,但因数量少,用作栽培成本较高,一般不用于栽培生产。因此，必须再次扩大转接为栽培种。

3. 栽培种

又称三级菌种、生产种。即把原种再次扩接到食用菌专用塑料袋内的培养基上，培育得到的菌丝体，作为生产黑木耳栽培种，可直接割口出耳栽培或用于段木栽培接种。

（三）黑木耳代料栽培应选择哪种塑料袋？

黑木耳代料栽培所用的塑料袋，南方多采用高密度低压聚乙烯原料制成，筒径折幅宽 12 厘米，制成 50～55 厘米的长袋，一般每千克筒料可制成 240 个菌袋。北方应选用高密度低压聚乙烯菌袋(乌袋，不透明)。菌袋规格以 16.5 厘米×33 厘米或 16.5 厘米×35 厘米，厚度以 0.40～0.45 毫米为宜。高密度低压聚乙烯菌袋的优点：从装料灭菌到菌丝培养满袋后，菌袋急剧收缩紧贴培养料，不脱袋。在割口育耳和栽培管理期原基形成快而齐，产量高，杂菌污染率低，该菌袋耐阳光照射而不风化。因此，黑木耳代料栽培用高密度低压聚乙烯菌袋，是最理想的选择。聚丙烯菌袋(亮袋，菌袋透明)不宜用于代料栽培黑木耳，它虽然耐高温、高压，但是它最大的缺点是，蒸汽锅灭菌并发菌后，菌袋易和培养料脱离，在割口育耳时，原基形成少或不齐。产量不高而且易污染杂菌，甚至栽培失败。

（四）老发菌室的杂菌怎样处理？

连续生产多年的发菌室易出现大量菌袋污染现象，严重影响了黑木耳制种成品率及经济效益。如何解决这一难题，笔者总结了多年制种消毒灭菌实践经验，有效地控制了杂菌的污染率，现介绍如下：

料袋没进发菌室之前，先把发菌室所有杂物清理干净。之后，快速把室内温度升至28℃以上，并保温24小时，使室内的杂菌孢子全部复活。此时，用0.1%（含量70%）浓度的甲基托布津溶液，均匀地喷透室内墙壁及发菌架。使室内空气相对湿度达到75%，即形成了高温、高湿条件。每立方米空间用硫黄20克烟雾熏蒸消毒。同时每立方米空间用甲醛10毫升，高锰酸钾5～6克烟雾熏蒸1次，封闭12小时后，再排放室内的潮湿气。之后，继续加温使室内墙壁及菌架全部烘干后，再往地面撒一层生石灰粉防潮、防杂。菌丝培养期间要求室内保持越干燥越好。禁止经常往培养室内喷药水或清水。以免造成高温、高湿的环境，致使菌袋污染杂菌。

（五）常压蒸汽锅应如何正确灭菌及补加水？

黑木耳代料栽培时，料袋必须通过蒸锅灭菌这一关，料袋能否达到灭菌彻底，将直接关系到菌种成品率的高低，及菌种制作的成败。因此，料袋蒸锅灭菌这一关，必须认真并正确操作完成。即蒸锅内加足所需清水，待料袋全部装锅后，封严锅门，打开蒸锅上方的排气阀并用旺火加热（可配带250～300瓦鼓风机），应在较短的时间（2～3小时）内使蒸锅内部温度达到100℃（如长时间达不到所需温度，易使整锅料袋酸败变质，造成经济损失）。当蒸锅加温至排气阀往外排放直气时，关闭排气阀。总之，料袋蒸锅灭菌前期，使蒸锅上大气越快越好。待温度达到100℃时，停用鼓风机，保持稳火继续灭菌8小时（一般每锅装规格16.5厘米×33厘米的料袋1000袋以下的，需 100℃保温灭菌 8 小时；1 500～2 000 袋需保温灭菌 8～10 小时；2 500～3 000 袋需保温灭菌 10～12 小时）后，停火并继续焖锅 4～6 小时即可达到灭菌目的。蒸锅灭菌时最好中途不要加水。确需中途加水时，必须加入 80℃以上的开水，每次补水后应急火快速烧至 100℃时，再转用稳火，并需延长灭菌时间 30～45 分钟。目前，各地蒸锅灭菌达到 100℃后，中途多次往蒸锅内加凉水，加之灭菌时间短，导致料袋灭菌不彻底，出现大量或整批料袋杂菌污染现象。

（六）怎样测定 pH 值，如何调整 pH 值？

黑木耳代料栽培培养料内的最佳 pH 值以 5～6.5 为宜。测定方法可取标准广泛试纸一小段，插入已拌好的培养料中湿透 3 秒钟后，取出试纸条对照标准板比色，从而查出相应的 pH 值。如培养料偏酸可用 1%的石灰或草木灰等溶液调整；如偏碱可用柠檬酸或 1%的醋精等溶液调至所需最佳的 pH 数值为止。目前，在全国各地黑木耳主产区，特别是偏远山区农村及林场，众多栽培户根本不了解什么是 pH 值，在配料时随意添加各种原料，造成大量菌袋污染。因此，在黑木耳实际配料时必须严格按照配比操作。常规黑木耳培养基最佳 pH 值为5～6.5。笔者通过多年的实践经验证明，黑木耳代料栽培，在实际配料时 pH 值必须提升至 7～8。因料袋通过灭菌、菌丝培养和栽培等过程，由于新陈代谢产生有机酸，均会使 pH 值自然下降 1.5～2 个数值。如配料时把 pH 值调制至黑木耳培养料内最佳的 5～6.5，通过上述灭菌等程序便会使 pH 值自然下降，由原培养料内最佳的 pH 值 5～6.5，降至 3.5～4.5，呈强酸性。该培养基在菌丝培养期间及出耳栽培管理期间，一旦遇有连续高温、高湿环境，袋口及菌袋割口处很快污染杂菌，使大批菌袋出现病变。这也是目前各地众多黑木耳栽培失败的重要原因之一。

（七）黑木耳菌袋拧结通氧封口新技术效果如何？

黑木耳菌袋拧结通氧封口新技术是由黑龙江省牡丹江市黑木耳协会、林口县食药用真菌研究会会长、中国农村奔小康专家服务团专家聂林富高级农艺师，于1997年发明（属国内外首创技术）并推广的一项实用技术。该技术自推广应用以来，深受全国各地黑木耳及食用菌主产区的一致好评和认可。目前，仅黑木耳菌袋拧结通氧封口新技术，每年为全国各地栽培户节省资金1.2亿元。应用前景十分广阔，它具有以下优点。

1. 封口速度快，简化工序

黑木耳菌袋拧结通氧封口新技术，在菌袋封口时，不需额外资金，即可快速使料袋封好口。

2. 降低成本，提高产量，增加经济效益

该封口技术因不需用颈圈、棉塞和无棉盖体等原材料，既节省资金，又减少人工操作环节（传统用颈圈、棉塞或无棉盖体等，既费钱，操作过程又繁杂，每个菌袋仅封口一项需投资0.07～0.09元，且费工费时，产量低）。而用拧结通氧封口技术，蒸锅灭菌时袋口朝下，100%的避免了传统封口蒸汽锅灭菌时棉塞、无棉盖体上的海绵片潮湿和袋内进水报废袋。利用双层倒袋装筐，可节省常规铁筐30%的材料。通过倒袋蒸锅灭菌，使料袋培养料上部形成营养和水分偏多，接种后料袋口朝上摆放发菌，菌种成活率高、发菌快。发菌期间菌袋上部偏多的营养水分慢慢下沉，待菌丝长满袋后，袋内培养基中的营养水分上下均匀，这样在割口出耳时，解决了各地黑木耳栽培者多年解决不了的普遍存在难题（即传统封口法在蒸汽锅灭菌时，袋口朝上，自然使料袋底部营养水分偏多，而上部偏少，接种后又经过长时间袋口朝上发菌，使菌袋上部营养、水分本来就偏少的培养料，水分继续下沉，这样就形成了菌袋上部严重缺水现象。因此，在割口育耳时，菌袋底部出耳齐而多，而菌袋上部出耳慢或出耳少，或不出耳现象普遍存在，从而降低了黑木耳的总产量）。利用拧结通氧封口技术，因营养、水分上下均匀，在割口育耳时，原基形成整齐而多，生物转化率可提高 20%以上。每个 16.5 厘米×33 厘米的菌袋，仅封口一项可直接节省资金 0.07～0.09 元。

3. 操作简单、安全可靠，降低杂菌污染率

该封口技术在操作时，减少了套颈圈、塞棉塞或无棉盖体等繁杂过程，缩短了时间。同时，此封口技术因通气性好，在发菌期间袋口处形成了一个高温不高湿、使杂菌孢子无法生长的环境，因此它安全可靠、发菌快，菌种成品率高（98%以上）。

4. 节省资金，减少工序

该封口技术最大优点就是不另投入资金就可把菌丝培养好，它所产生的经济效益是相当可观的。每制种 1 万袋可节省资金 700～900 元，节省人工 60%以上，增产 15%～20%。该技术自推广以来，普遍受到了各地栽培户的一致好评。改变了长期以来传统的费钱、费工和操作繁杂的过程，为食用菌栽培事业减少投资、降低杂菌污染率，提高经济效益和减少生产环节，创出了一条新的有效途径。

（八）代料栽培黑木耳应怎样调制培养料的最佳含水量？

黑木耳代料栽培，培养料拌料后的湿度（含水量）以57%为最佳。即用双手搓已拌好的培养料，双手皮肤能湿润，但又不能有存水，为最佳标准湿度。目前较多科技书和资料介绍，所需要含水量必须达到60%～65%。即用手紧握料，手指缝里有水珠渗出而不滴为宜。笔者在多年实践经验中证明，黑木耳代料栽培的培养料达到65%以上为水分偏大。发菌期间料温随之上升，袋底培养料易酸败，菌袋在发菌过程中，营养水分自然慢慢下沉使料袋底部水分偏多，80%的料袋菌丝难以长至袋底，造成菌种质量和栽培产量下降，导致杂菌污染。因此，代料栽培黑木耳在拌料时，培养料以57%为最佳，发菌期100%菌丝可长满袋底。但含水量不能低于57%，否则发菌细弱、无力，产量降低。

（九）高压灭菌锅压力表指数与温度的关系？

当压力表指针升至0.05兆帕时，其温度是110.05℃；上升至0.06兆帕时，其温度是112.6℃；上升至0.07兆帕时，其温度是114.5℃；上升至0.08兆帕时，其温度是116.3℃；上升至0.09兆帕 时，其温度是118℃；上升至0.1兆帕时，其温度是120℃；上升至0.11兆帕时，其温度是121.5℃；上升至0.12兆帕时，其温度是123℃；上升至0.13兆帕时，其温度是124.2℃；上升至0.14兆帕时，其温度是126℃；上升至0.15兆帕时，其温度是127.2℃；上升至0.16兆帕时，其温度是128.4℃；上升至0.17兆帕时，其温度是129.9℃。如蒸汽锅灭菌时压力指数和温度指数不符，应检查锅内冷空气有没有排尽或压力表、温度表有没有失灵，检查后应及时调换。

（十）开放式接种用哪种接种器效果好？应怎样正确操作？

目前，电子臭氧接种器生产厂家很多，产品多种多样。多年来，根据笔者所在研究会大量制种实际操作并大量推广后，各地栽培户在制菌接种时的实践证明：黑龙江省尚志市亚布力养殖用具电器厂生产的高效率、多功能双机芯“双22立方米型电子接种器”，适用于室内开放式接种，菌种成品率可达98%以上。该电子接种器，臭氧量放出大、灭菌稳定、无死角，是目前较理想的开放式接种工具（电话：0451-53441836）。具体接种方法请参照“电子臭氧接种器开放式接种技术”的内容。

（十一）为什么接入料袋的菌种不萌发或不吃料？

黑木耳菌种接入瓶内或袋内，一般在26℃～28℃，经36～48小时后菌种开始萌发（接入的菌块发白）吃料。如经10多天还不萌发，其原因如下。

第一，培养料碱性过高。目前各地众多制种者，在黑木耳培养基中加入了较多的麦麸，据笔者了解，各地黑木耳主产区每年需麦麸数量较大，致使众多销售商为了牟取利益，在麦麸中加入了大量石灰粉。因此，各地制种者在配料时已加入了一定数量的石灰粉，加之麦麸中又含有较多的石灰粉，所以造成配料后的碱性过高，致使抑制菌种不萌发或不吃料。接种时袋温过高，菌龄过长，造成菌种退化。另因料袋(瓶)在发菌过程中长期超过 30℃高温伤害，致使菌丝失去活力。

第二，接种人员操作速度缓慢，使菌种块(特别是母种)被酒精灯火焰烧死。另外，摆瓶或摆袋过紧过密。加之温度又超过 30℃，袋温过高，通风不良，造成菌丝烧死。

第三，培养料含水量过多。使菌丝无法正常生长，菌种被浸死之后污染杂菌。

第四，培养料水分偏低(特别是原种培养料)。接种后，母种块被偏干的培养料吸干，加之母种块水分自然蒸发，造成菌块或菌丝干枯致死。

第五，培养料酸败，配料时 pH 值过小。当 pH 值在 3.5 以下时，黑木耳菌丝就无法吃料。表现菌种块萌发白色菌丝，仅往料面渗透性地吃料，但不能蔓延。

第六，存在杀菌物质。培养料中含有杉、松、樟等有杀菌作用的醇、脂、醚类有害物质，直接影响了菌丝吃料，无法正常舒展蔓延。另外，较多的菌种生产者在培养料中为防止杂菌加入了多菌灵等药物，使菌种不能萌发。

(十二)同是黑木耳为什么有的产品供不应求，而有的产品没有销售市场?

多年来，众多黑木耳栽培户，特别是新栽培户在生产菌种时，不注意选择黑木耳菌种的品系，盲目购买。由于品种不同，其产量、产品质量不同，市场需求量也就不同。因此，黑木耳代料栽培时应有选择性的购买菌种。多年来，黑龙江省牡丹江市黑木耳协会、林口县食药用真菌研究会是通过国内外收购商的要求并提供所需的黑木耳标本。研究会通过提供的标本分离菌种，有计划地发展黑木耳。如收购商再需要新的黑木耳产品时，同样有计划地去分离菌种，发放给栽培者，使栽培出的黑木耳产品，适应国内外收购商所需要的产品。因此，这样的产品销售快、价格高，产品没有积压现象。

在栽培期间我们严格要求栽培者，禁止往子实体上喷药，水源必须洁净卫生，喷水管理时禁止泥土溅到子实体上，要求黑木耳八成熟即采收，采收之后掰成片状，快速晒干。使黑木耳产品真正达到绿色食品标准。目前，该协会、研究会生产的“东北林富牌”系列黑木耳菌种，因抗杂菌能力强、耐高温、开片快而厚大、耳根小，产量高、色泽正、品质好而深受国内深圳、上海等地区，国外韩国、日本、加拿大等国收购商的欢迎。

（十三）灭菌和消毒概念是否一样？

灭菌和消毒其性质和效果完全不同。

1. 灭　菌

是指把培养基内部或其他物体中所有的微生物（杂菌孢子），通过高压或常压蒸汽灭菌方法全部杀死，使培养基内部或其他物体中没有任何微生物（杂菌孢子）存在。

2. 消　毒

是指把培养室、接种室、接种人员的手套等空间及物体，利用甲醛、高锰酸钾、硫黄、来苏儿、酒精等消毒药品，通过烟雾或喷洒等方式，使空间及物体达到净化或杀灭部分微生物（杂菌孢子），但却达不到灭菌的标准。因此，通过消毒的空间及物体还有部分微生物（杂菌孢子）存在。各地制种及栽培者应正确区分开灭菌及消毒的意义，以免造成误解。

（十四）夏季能否培养菌袋？应怎样管理？

笔者通过多年伏天制种所得到的实践经验证明，夏季制作黑木耳菌种时，应严格按照该协会、研究会的配方、灭菌、接种和菌丝培养等制作过程，同样使菌种成品率达到98%以上，而且具有夏季发菌快，培养室不需加温，原料便宜、成本低等优点。因此，夏季完全可以制作黑木耳原种及栽培种。详细菌丝培养管理技术参见“秋耳制种与栽培管理技术”的内容。

（十五）蒸汽锅灭菌的目的只是灭菌吗？

黑木耳代料栽培，培养基必须通过高压或常压蒸汽锅灭菌，灭菌的目的其一是把培养基中所有对黑木耳菌丝有危害的杂菌孢子全部杀死，使黑木耳菌丝单一培养；其二是通过加温使蒸汽锅内蒸汽均匀地穿透培养基，加快对培养基的熟化程度，有利于黑木耳菌丝快速定殖及生长。一般黑木耳代料栽培时，培养料多选用新鲜的锯木屑（特别粉碎的颗粒锯木屑），同样的新鲜锯木屑，用不同类型的蒸汽锅灭菌，其发菌效果也不一样。通过高压蒸汽锅灭菌的料袋，发菌效果不如用常压锅灭菌的料袋。其原因是高压蒸汽锅灭菌时间短，而常压锅灭菌时间长，使培养基的熟化程度更好，有利于黑木耳菌丝快速定植吃料。

（十六）代料栽培黑木耳一年能生产几潮？

以黑龙江省牡丹江地区为例，春季生产第一潮，从当年11月初至翌年2月15日开始培养菌袋，4月20日（夜间平均0℃以上）至5月1日开始割口育耳栽培。秋季第二潮，从5月初至5月中旬开始培养菌袋，7月中旬至8月1日室内或室外割口育耳栽培。第三潮，晚秋反季节栽培，从7月1日开始培养菌袋，9月1日开始割口育耳，翌年春季采收（如在温室大棚栽培，可在当年的11月未采收）。因第三潮（利用自然温度栽培）当年不能采收，所以，北方地区黑木耳代料栽培每年可生产2.5～3潮。南方地区黑木耳代料栽培合理安排出耳方式每年可生产3潮。

（十七）为什么菌袋割口后原基形成慢和耳芽稀少？

1. 原因分析

黑木耳代料栽培，菌袋割口后，在正常管理的条件下，一般早生品种需5～7天，中晚生品种需12～15天，原基全部形成。如达到上述时间后，割口处原基还迟迟不能形成和耳芽稀少，其原因是育耳床内的空气湿度小，菌床内部温度长时间低于15℃以下，通风大，使割口处基料失水严重，达不到原基生长的要求。因此，造成原基形成慢和耳芽稀少等现象。

2. 解决方法

菌袋割口后，前3～5天是刀口菌丝愈合期，此期间育耳床内温度不超过24℃，不需通风换气。5天后根据天气情况而定，一般晴天时，每天往育耳床内早、中、晚分别各浇 1 次水。阴天时，每天往育耳床内浇 1～2 次水。低温天，每隔2～3 天往育耳床内浇 1 次水，使育耳床地面均匀湿透，同时把育耳床两边地沟内放满水，此期以保湿为主，使育耳床内空气相对湿度达到 85%。此期应每天早、晚各通风换气 1 次，要求每次通风换气 20～30 分钟。8～10 天后，应加强通风换气量，每天傍晚把遮阳网及塑料膜全部撤掉，用自然雾气湿润菌袋。因菌床内部的温度连续低于 15℃以下时，应把塑料膜覆盖在遮阳网上面，通过阳光照射后，使床内快速达到黑木耳原基生长所需要的最佳温度。只要按上述方法管理，就能使原基形成快而整齐。

（十八）为什么幼小的子实体停止生长？

1. 原因分析

多因菌袋摆放过密，覆盖遮阳物过厚，栽培床湿度大，通风换气少。另外，长时间连续喷水，使菌袋基料内部缺氧，影响了木耳生长所需的营养供应，导致黑木耳停止生长。

2. 解决方法

栽培管理期间菌袋摆放距离，袋与袋之间的距离以 25 厘米为宜。利用遮阳网遮阴管理，避免连续喷大水、喷长水，应加大通风换气。遇有木耳停止生长时，应及时撤掉菌袋上所有的遮阳物，使黑木耳在阳光自然照射下 2～3 天后，按常规喷水管理，这样黑木耳即可恢复生长。

（十九）为什么割口处长满白色菌膜而迟迟不能出耳？

1. 原因分析

多因配料时加入多种辅助料，如麦麸、米糠、玉米粉、黄豆粉等使培养基营养过剩（氮源过高），致使菌丝徒长，而造成原基形成慢或不出耳等现象。另因割口后育耳床内空气相对湿度小，温度高，达不到原基形成所需的湿度条件，致使菌袋割口处只长菌丝，而不能形成原基。

2. 解决方法

黑木耳代料栽培，在栽培种配料时，禁止培养基中氮源过高使营养过剩，应严格控制加入培养基中的营养料。栽培管理期间，如出现菌袋割口处形成较厚的菌膜时，应用三十烷醇5克，加入15～25升清水溶化后，用喷雾器均匀地把菌袋割口处喷湿1遍，共喷3次，每隔3天喷1次，喷洒时间以每天傍晚木耳停止浇水后进行。按上述管理，一般7～10天后在割口处便可使原基形成。

（二十）为什么割口处形成褐泌素（铁锈色）？

1. 原因分析

多因菌袋摆放过密，温度过高，通风不良，常因覆盖菌袋上的稻草帘子，因各地育耳管理时，为了使菌床保湿错误地把稻草帘子用水浸泡后，覆盖在菌袋上。致使草帘子上面的积水滴入菌袋割口处，久而久之，使割口处的基料板结并污染细菌；另因育耳期间连续低温多雨时，加之育耳床长期不通风换气，床内二氧化碳过多，使菌袋割口处污染了厌氧性细菌；还因直接在发菌室集中割口育耳时，由于菌袋摆放过密，温度连续升高，致使菌袋上热并吐黄水。加之室内通风不好，造成细菌性感染。待菌袋下地摆放管理时，割口处很快出现褐泌素（铁锈色），致使原基不能形成。

2. 解决方法

摆袋时应按上述标准距离摆放，育耳床内温度应控制在20℃～24℃，栽培育耳管理时菌袋上部应用遮阳网覆盖。连续低温多雨，应加强通风换气，保持育耳床内空气新鲜。室内集中育耳时，禁止直接往菌袋或地面喷水，温度应控制在16℃～20℃，此期室温不能超过25℃。注意加强通风换气。并结合用布条或其他保湿布料蘸3%来苏儿溶液室内挂放，以达到原基形成所需的最佳空气相对湿度。

（二十一）为什么未成熟的子实体出现流耳、烂耳？

1. 原因分析

多因覆盖草帘子过厚，通风换气少，或连续长时间喷大水，致使菌料缺氧，不能正常给予木耳提供营养，造成木耳生长缓慢。此时，再继续用大水喷浇5～6天即可出现流耳、烂耳现象，或造成大面积流耳、烂耳。又因遇有连续高温天气（连续28℃以上），众多黑木耳栽培者为了使菌床降温，开始喷水管理。此时喷水，因温度高，使菌床内部自然形成了高温、高湿的环境，致使黑木耳很快出现流耳、烂耳现象。

2. 解决方法

栽培管理时，选用遮阳网搭架覆盖管理，使栽培床内形成一个黑木耳生长所需的小气候。即上部遮阴、中部通风、底部喷水的管理方式。喷水时，要求干干湿湿交替进行。待木耳长至2～3厘米时，用0.3%浓度的食盐溶液均匀地喷至木耳上。每隔5天喷1次，每次喷洒需在傍晚最后一次停水时进行。喷洒食盐溶液的目的是预防木耳流耳、烂耳、线虫为害子实体、杂菌污染及增加木耳厚度。遇有连续超过28℃以上高温天气时，中午禁止喷水，把所有遮阳物撤掉，任木耳快速晒干、晒透。待傍晚温度降至26℃时，开始喷水管理，夜间应勤喷、多喷，翌日早晨3～7时之间应间隔式喷水，7时以后至傍晚温度26℃以上时，此期间应全部停止喷水管理。待高温过后，按常规管理进行。这不仅有利于黑木耳的快速生长，也是防止杂菌污染、流耳和烂耳的一种有效措施。

（二十二）为什么菌丝培养期间菌袋上部易吐黄水？

1. 原因分析

多因培养室内长时间高温、高湿、卫生条件差，使菌袋上部造成菌种退化，生命力减退，出现较多的水珠。久而久之，菌袋上部形成一层黄色水液并封满培养基料面，逐渐被厌氧性细菌污染后，由黄色水液转变成黄褐色固体物，在菌丝培养后期或菌袋栽培管理期间，均能使菌袋上部造成大量绿霉污染现象；又因栽培种在菌丝培养期间，培养室通风换气次数过多、时间过长。特别是东北地区冬季制菌期间，由于培养室内与室外温差较大，此期直接往培养室通风换气次数过多、过勤、时间过长，培养室内出现较大的温差后，造成菌袋内部上方形成较多的黄色水珠。

2. 解决方法

菌丝培养期间,避免培养室内高温、高湿,保持室内卫生清洁。禁止经常往培养室内地面喷水或药液的错误的管理方式;室内前期菌丝培养温度应以 24℃～25℃为宜,中期以 26℃为宜,后期以 20℃～22℃低温菌丝培养;菌丝培养期间要求室内越干燥越好,每周按每立方米空间用 10 毫升甲醛,5 克高锰酸钾熏蒸消毒 1 次;室内需通风换气时(特别是东北地区)应设有缓冲室或缓冲棚。换气时,应先关闭培养室门窗,打开缓冲室或缓冲棚门窗加强通风换气后并关闭门窗。待 10～15 分钟后再打开培养室门,进行通风换气,避免外界冷空气直接进入培养室。

(二十三)菌丝培养期间大量污染了链孢霉应如何解决?出耳时应如何管理?

链孢霉在黑木耳制种中危害最大,是一种毁灭性的杂菌。目前各地黑木耳栽培主产区,每年发生该杂菌数量逐渐上升,而且国内外没有根治该杂菌的有效药物。一旦大面积发生只能深埋或烧掉,给栽培者带来了巨大的经济损失。

笔者多年对链孢霉杂菌的反复研究和防治,总结出了一整套防治链孢霉杂菌的有效方法。

1. 菌丝栽培期间链孢霉的处理方法

黑木耳菌丝培养期间如大面积污染了链孢霉杂菌,首先应快速把培养室内的温度降至 19℃以下。门窗封闭必须严密,禁止通风换气,以免加快污染速度。此时按每立方米空间用高浓度甲醛 10 毫升,高锰酸钾 5 克烟雾熏蒸消毒灭菌。每天 1 次,连续消毒灭菌 5～6 天,使菌袋口上部生长的链孢霉孢子穗逐渐萎缩死亡。之后每隔 5 天按上述方法消毒灭菌 1 次。在低温条件下使黑木耳菌丝顺利长满料袋。

2. 链孢霉污染袋割口出耳的处理方法

把上述经防治长满菌丝的栽培袋，摆放在栽培床上。用含量 70%的甲基托布津，用量 0.1 的溶液均匀地使菌袋喷雾消毒 1 次，待菌袋药液稍干后，开始割口育耳。割口的刀片应随割口，随蘸柴油进行(蘸在刀片上多余的柴油摔掉)，割口后的菌袋应把原污染链孢霉的一头，摆放在地面上。割口方法及栽培管理按常规进行。通过上述处理，污染链孢霉的菌袋，在出耳率及产量上同正常菌袋没有什么区别。

(二十四)利用废旧树叶做原料栽培黑木耳有什么优点？

利用废旧树叶做原料栽培黑木耳及食用菌新技术是由黑龙江省牡丹江市黑木协会、林口县食药用真菌研究会长聂林富高级农艺师，于 1997 年发明(属国内外首创技术)并得到推广的一项实用技术。该技术得到了黑龙江省副省长申立国的高度重视。它有原料易得，成本低，产量高，经济效益高，推广前景广阔等优点，深受全国各地栽培户的欢迎。利用废旧树叶做原料栽培黑木耳及食用菌其优点是。

1. 原料来源丰富，取之不尽

全国各地凡是阔叶林区一年四季均可采集落地的废旧树叶(包括落地腐烂叶)。

2. 成本低，产量增加、效益高

按普通麻袋计算，每袋树叶粉碎后 4～5 元，而锯末屑每袋 12.5～14 元。在保护森林、禁止采伐以后，锯木屑价格将大幅度提高,且保证不了原料供应。利用树叶作培养料生物转化率比锯木屑提高15%以上,每个1.65厘米×33厘米的菌袋提高产量15%,降低成本0.18元。每制菌1万袋仅树叶原料可直接节省资金1 000元左右,增收4 500元左右,直接节省木材11立方米。如各地林区栽培户采用树叶做原料来代料栽培黑木耳及食用菌,将会节省巨大的资金和森林资源。

3. 方法简易好操作

树叶袋栽黑木耳在操作时比锯木屑简单,初学者只需参加培训3～5天,就能完全掌握并独立制种和栽培。

4. 节省了木材、保护了生态环境

此项技术最大优点就是利用废旧树叶取代木材,所产生的生态效益是无法估算的。一般每立方米柞、桦木可加工出干锯木屑500千克,每制菌1万袋栽培种(16.5厘米×33厘米的菌袋)需干锯木屑5.6千克,用掉木材11立方米。按林口县和东宁县每年生产5亿袋木耳计算,每年将用掉550 000立方米木材,这是多么可怕的数字,如全国各地栽培户在继续按照这样的速度发展,青山变秃山指日可待。国家禁止林木采伐后,又无栽培原料,食用菌产业就无法正常发展,将严重影响各地农村、林区工人和下岗职工的经济发展。因此,树叶袋栽黑木耳及食用菌新技术的发明完全解决了食用菌生产原料不足的后顾之忧,直接保护了森林资源,又对森林防火起到重要保证。

(二十五)黑木耳栽培浇水管理时,用阳光照射的温水好?还是冷水好?

目前各地黑木耳栽培,多数栽培者在出耳场地挖一个较大的水池，把水存入池内通过阳光照射升温后，在用于喷浇黑木耳，其目的是使黑木耳快速生长。笔者总结多年的实践栽培经验，上述操作方法，不但不能使黑木耳快速生长，反而易造成大面积流耳、烂耳及杂菌污染现象。因贮存池的水在长时间的阳光照射下，使池内贮存的水温快速提升，易形成大量微生物繁殖。在这种条件下连续喷水5～6天后，黑木耳耳片腹面很快弹射孢子并停止生长，如再继续浇水，可造成大面积黑木耳流耳、烂耳及霉菌污染或栽培失败。这也是目前代料栽培黑木耳经常失败的重要原因之一。因此无论用那种方式栽培黑木耳，应禁止使用挖坑贮存晒水的错误做法。

黑木耳栽培喷水管理时，应用洁净的山泉水或井水及洁净的河流水最理想。因黑木耳生长时需要温差刺激才能生长得快，子实体厚大，抗杂菌力强，不易流耳、烂耳。所以黑木耳浇水管理时，用冷水较为理想。

(二十六)黑木耳代料栽培，子实体白天生长快？还是夜间生长快？

笔者通过多年的总结经验证明，代料栽培黑木耳，白天无论如何管理，黑木耳生长缓慢。而且白天浇水过大或时间过长，极易造成流耳、烂耳及霉菌污染等现象的发生。因此白天管理时只要子实体达到有光泽湿润感即可停止浇水。

实践证明黑木耳在夜间生长速度最快，因此夜间应多浇水使子实体充分浇透，有利于快速生长。此管理方法，可使黑木耳耳片加厚，栽培周期缩短、产量高。也是预防流耳、烂耳及霉菌污染的有效措施。

附 录

附一、黑木耳代料栽培常用原、辅料的营养成分及其碳氮比

详见附表1。

附表1 黑木耳代料栽培常用原、辅料的营养成分及其碳氮比

原料种类	氮(%)	磷(%)	钾(%)	钙(%)	有机质(%)	含碳量(%)	碳氮比
树叶粉	2.00	0.26	0.43	—	50.8	49.00	24.5
玉米芯	0.53	0.08	0.08	0.10	91.3	52.95	99.9
大豆秸秆	2.44	0.21	0.48	0.92	85.8	49.76	20.4
棉籽壳	2.03	0.53	1.30	0.53	96.6	56.00	27.6
野 草	1.55	0.41	1.33	—	80.5	46.69	30.1
稻 草	0.69	0.11	0.85	0.44	75.5	43.79	63.5
玉米秸秆	0.48	0.38	1.68	0.39	80.5	46.69	97.3
麦 麸	2.20	1.09	0.49	0.22	77.1	44.74	20.3
米 糠	2.08	1.42	0.35	0.08	71.0	41.20	19.8
玉米粉	2.28	0.29	0.50	0.50	87.5	50.92	22.3
稻谷壳	0.64	0.19	0.49	0.16	71.8	41.64	65.1
小麦秸	0.48	0.22	0.63	0.16	81.1	47.03	98.0
甘蔗渣	0.43	0.15	0.18	0.05	91.5	53.07	123.5
甜菜渣	1.70	0.11	10.30	—	97.4	56.50	33.2
枝丫锯末	0.10	0.20	0.40	—	84.8	49.18	491.8

附二、无公害黑木耳栽培常用消毒剂、农药、防治对象和使用方法

详见附表2。

附表 2 无公害黑木耳栽培常用消毒剂、农药、防治对象和使用方法

药名	防治对象	使用方法
石灰	霉菌	1%～5%石灰水喷洒；0.7%石灰粉拌料或地面撒干石灰粉防潮防杂
来苏儿	细菌、真菌、线虫	1%～2%溶液消毒手和工具；3%～4%溶液用于喷雾消毒
甲醛	细菌、真菌、线虫	每立方米空间用甲醛 10 毫升，高锰酸钾 5～6 克熏蒸消毒
酒精	细菌、真菌	75%酒精用于皮肤、工具等擦洗消毒
高锰酸钾	细菌、真菌、害虫	0.1%水溶液擦洗消毒；0.2%水溶液喷洒菌袋消毒
甲基托布津	真菌	1∶800 倍拌料；1∶500～1 000 倍喷洒菌袋或菌床
多菌灵	真菌	1∶800 倍液拌料；0.1%～0.2%水溶液喷洒菌床或菌袋
漂白粉	真菌、线虫、死菌丝	3%～4%水溶液浸泡材料：0.5%～1%水溶液喷洒菌袋
食盐	霉菌、蜗牛、线虫	0.5%～1%水溶液喷洒；0.3%～0.5%拌霉菌污染料

续附表 2

药　名	防治对象	使用方法
克霉灵	多种杂菌类	每立方米空间用 5～6 克熏蒸灭菌
敌敌畏	螨类、菇蝇类	0.5%溶液喷洒地面杀虫；每 100 立方米用 1 000 毫升溶液熏烟
金霉素	细菌性烂耳	1∶500～600 倍水溶液喷雾
链霉素	革兰氏阳性细菌	1∶500～600 倍水溶液喷雾

附三、无公害黑木耳栽培常用消毒剂、农药浓度及其配制方法

详见附表3。

附表3　无公害黑木耳栽培常用消毒剂、农药浓度及其配制方法

配制好的浓度	常用杀虫、灭菌、消毒药品配制
5%甲醛溶液	40%甲醛溶液12.5毫升+蒸馏水87.5毫升即成
75%酒精	95%酒精79毫升+蒸馏水21毫升即成
2%来苏儿溶液	50%来苏儿4毫升+蒸馏水96毫升即成
0.25%新洁尔灭	5%新洁尔灭5毫升+蒸馏水95毫升即成
0.1%五氯酚钠	五氯酚钠1克+蒸馏水1000毫升即成
0.5%碳等量或波尔多液	硫酸铜250克+石灰250克+100升水即成
1%硫酸铜	硫酸铜1克+蒸馏水100毫升即成
0.1%多菌灵	50%可湿性多菌灵粉剂100克+水50升即成
0.2%多菌灵	50%可湿性多菌灵粉剂100克+水100升即成
5%漂白粉	漂白粉50克+水1000毫升即成
甲醛熏蒸剂	40%甲醛溶液10毫升,高锰酸钾5～6克用于每立方米空间熏蒸消毒
0.5%敌敌畏	敌敌畏250毫升+水49.75升即成
0.2%高锰酸钾	高锰酸钾100克+加水50升即成

附四、黑龙江省牡丹江市黑木耳协会、林口县食药用真菌研究会菌株简介

详见附表4。

附表4　黑龙江省牡丹江市黑木耳协会、林口县食药用真菌研究会菌种简介

种类	品种代号	适宜温度范围(℃)		菌种生物学特征及特性	转化率(%)
		温型、菌丝	子实体		
黑木耳	东北林富1号	中高温型	15～30	黑灰色，耳根特小，耳片厚大，特耐高温，抗杂，高产，中晚生品种，适宜袋栽及段栽	≥130
	东北林富2号	中温型	15～28	黑褐色，中根，出耳快，抗杂，高产，产品畅销，适代料春栽，中生品种	≥130
	东北林富3号	中温型	15～28	黑棕褐色，中根，抗杂菌能力强，高产质优。适代料春、秋栽培，早生品种	≥130
	东北林富4号	中高温型	15～30	腹面黑色，被面棕褐色，耳根小，抗杂，高产，适代料春、秋栽培，中晚生品种	≥130
	东北林富5号	中高温型	15～30	腹面黑色，被面棕褐色，耳根小，耐高温，出耳快，适代料秋栽，中生品种	≥130
	东北林富6号	中高温型	15～30	腹面黑色，被面浅灰色，耳根小，抗杂高产，适代料秋栽，中晚生品种	≥130
平菇	黑　平	广温型	8～30	灰黑色，丛生，转潮快，高产	≥350
	低平5号	低温型	5～25	灰白色，丛生，转潮快，高产，适冬季生产	≥300
	广灰平	广温型	8～28	灰白色，丛生，朵大肉厚，柄短，转潮快，产量高	≥350

续附表 4

种　类	品种代号	适宜温度范围(℃)		菌种生物学特征及特性	转化率(%)
		温型、菌丝	子实体		
珍稀菇类	松　茸	菌丝 18～24	17～19	子实体黄褐色,有褐色丝毛状条纹,中实,圆柱状,没开伞之前菌盖和菌柄等粗	试验种
	蛹虫草	菌丝 18～21	20～25	米饭培养基人工瓶栽可长子座(草)	≥35～40
	杏鲍菇	菌丝 25	10～20	又名刺芹,侧耳单生或群生,杏仁味,肉质肥嫩,产品市场抢手	≥120
	姬松茸	菌丝 22～27	22～25	又名巴西蘑菇,菌盖球形有褐色鳞片,菇色橙黄,适发酵料栽培	≥100
	特大鸡腿蘑	菌丝 10～35	8～32	菇体白色,丛生,每丛高达 5～7 千克,菌盖结实不易开伞,食、药兼用品种	≥120
	榛　蘑	菌丝 20～26	10～25	菌索粗壮有力,覆土出菇产量高。也是伴麻高产品种	≥100
金针菇	白针菇	菌丝 10～25	5～20	菇体纯白,菇柄鲜嫩,出菇整齐,无褐根,产品极好销售	≥160
	黄针菇	菌丝 20～25	5～25	菇色金黄,柄细丛生分枝力强,不易开伞,高产品种	≥12
灵芝	红灵芝	菌丝 24～28	25～30	子实体红色,菌盖平整,芝形好,直径 10 厘米以上	≥60
香菇	东北林富 FX1 号	菌丝 25～27	12～24	菇形美观,内卷,鳞片明显,茶褐色,花纹清晰,花菇占 70%以上	≥120
	东北林富 FX2 号	菌丝 20～26	12～20	子实体厚大,产量高,菇体茶褐色或深褐色	≥140
元蘑	东北元蘑	菌丝 24～26	10～20	著名食用菌,又名冻蘑,其子实体细嫩清香,有抗癌作用	≥120

续附表 4

种　类	品种代号	适宜温度范围(℃)		菌种生物学特征及特性	转化率(%)
		温型、菌丝	子实体		
榆黄蘑	大朵榆黄蘑	菌丝 20～28	18～28	丛生朵大,菇肉味鲜,菇体金黄色,产量高,可治阳痿、肾虚和痢疾	≥160
猴头蘑	东北大猴头蘑	菌丝 20～25	12～28	球心实,个大,色纯白,球状,产量极高	≥130
滑子蘑	滑菇 1 号	中生	8～20	菌盖黄褐色至金黄色,半球状,丛生,有黏液,抗杂,产量高	≥100
	滑菇 2 号	中早生	12～20	浅褐色,表面略带黏液,出菇快,产量高,不易开伞	≥100
	滑菇 3 号	中晚生	10～15	菇体金黄色,抗逆性强,发菌快,晚生耐低温,产量高	≥100

附五、黑木耳代料栽培（1万袋）成本核算

详见附表5。

附表5　黑木耳代料栽培(1万袋)成本核算

原料名称	数　量	单　价（元）	合　计（元）	备　注
聚乙烯菌袋	1万个	0.045	450	规格16.5厘米×33厘米或16.5厘米×35厘米，厚0.4～0.45毫米
母　种	25支	6.00	250	其中包括原种培养原料和空瓶，费用100元
树叶粉	90麻袋	5.00	450	其中包括采集树叶和加工费等
玉米芯	30麻袋	3.00	90	自己加工每袋成本2元
玉米粉	100千克	1.2	120	自己加工每千克1.00元
黄豆粉	50千克	2.40	120	自己加工每千克2.32元
石　膏	1袋	28.00	28	建材商店有售或到协会选购
石　灰	50千克	0.20	10	建材商店有售或到协会选购
克霉灵	15盒	0.80	12	菌材商店有售或到协会选购
酒　精	2瓶	3.50	7	菌材商店有售或到协会选购
来苏儿	1瓶	3.00	3	菌材商店有售或到协会选购
煤、电	5吨	280	1450	其中包括电费
甲　醛	5瓶	2.50	12.50	菌材商店有售或到协会选购
高锰酸钾	2袋	5.00	10	菌材商店有售或到协会选购
硫　黄	1.5千克	3.00	4.50	菌材商店有售或到协会选购

续附表 5

原料名称	数 量	单 价（元）	合 计（元）	备 注
遮阳网	400 米	1.50 元/米	600	菌材商店有售或到协会选购
塑料膜	200 米	0.80 元/米	160	菌材商店有售或到协会选购
新型微喷带	200 米	0.90 元/米	180	菌材商店有售或到协会选购
雇工费	40 工时	20.00	800	
总 计			4757	因各地原材料、雇工价格不同成本有所出入

注：表中提到的“协会”为黑龙江省牡丹江市黑木耳协会、林口县食药用真菌研究会

作者及所在单位获得的由中央至省市颁发的各种荣誉证书（部分）

荣誉证书

聂林富 同志

为表彰您多年来对农村科普工作做出的突出贡献，特授予您全国农村科普工作先进个人荣誉称号。

中国科学技术协会

二〇〇五年✕月

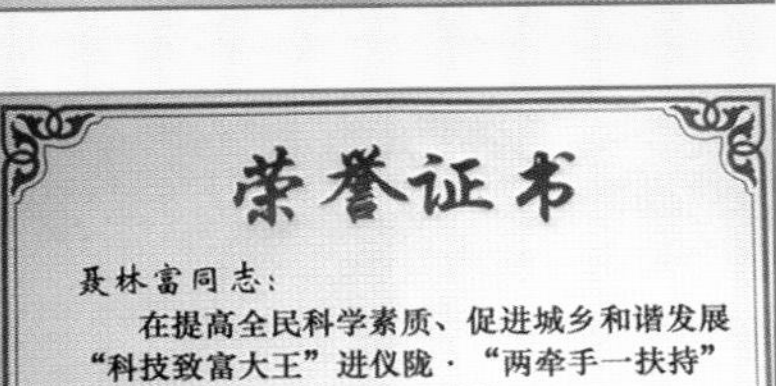

荣誉证书

聂林富同志：

在提高全民科学素质、促进城乡和谐发展“科技致富大王”进仪陇·“两牵手一扶持”活动中，表现突出，特此感谢。

全国农村妇女“双学双比”活动领导小组办公室

中国科协农村专业技术服务中心　中国农村专业技术协

二〇〇六年十一月

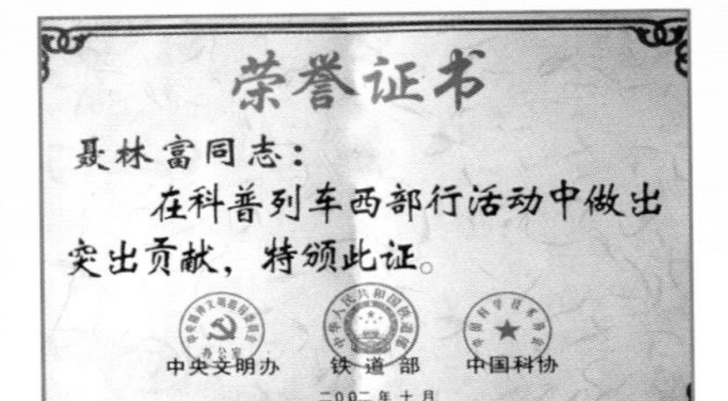

荣誉证书

聂林富同志：

在科普列车西部行活动中做出突出贡献，特颁此证。

中央文明办　铁道部　中国科协

二〇〇二年十月

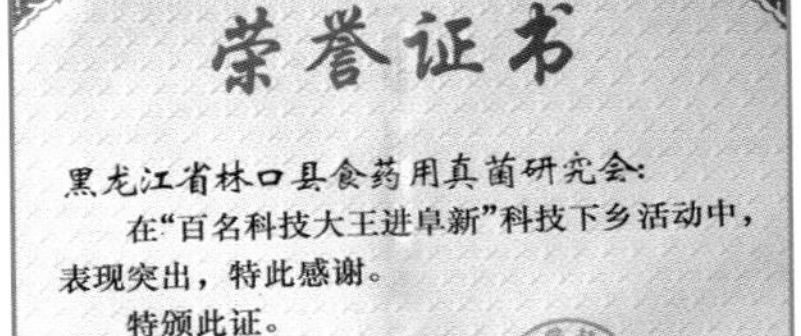

荣誉证书

黑龙江省林口县食药用真菌研究会：

在“百名科技大王进阜新”科技下乡活动中，表现突出，特此感谢。

特颁此证。

中国科学技术协会

二〇〇三年十二月

科普示范基地

中国农村专业技术协会

二零零六年十二月

感谢状

黑龙江省林口县食药用真菌研究会：

感谢贵单位对中央文明办、铁道部、中国科协联合开展的科普列车西部行活动所给予的大力支持。

中央文明办　铁道部　中国科协

2002年10月

证书

授予聂林富同志全省农村优秀人才荣誉称号

省委宣传部　省人事厅　省农业委员会

二〇〇五年十二月五日

聘书

聘请：聂林富同志

为阜新市农业科技顾问

中共阜新市委员会　阜新市人民政府

2003年12月21日

责任编辑：徐嘉祥

封面设计：赵小云

ISBN 978-7-5082-4597-3

S·1514　定价:10.00 元